Matematica e Internet

T0209118

Springer

Milano
Berlin
Heidelberg
New York
Barcelona
Hong Kong
London
Paris
Singapore
Tokyo

A.M. Arpinati, F. Iozzi, A. Marini

Matematica e Internet

Risorse di Rete in matematica
Produzione di materiale matematico
Comunicazione in Rete
Percorso guidato

 Springer

Prof.ssa A.M. ARPINATI
Sezione Scuola Secondaria di 1° grado
IRRSAE Emilia Romagna
Bologna

Prof. A. MARINI
IAMI
Istituto per le Applicazioni
della Matematica e dell'Informatica
CNR
Milano

Prof. F. IOZZI
Dipartimento di Matematica
Università "L. Bocconi"
Milano

© Springer-Verlag Italia, Milano 2001
Una società del gruppo BertelsmannSpringer Science+Business Media GmbH

ISBN 88-470-0079-3

Progetto grafico copertina: Simona Colombo, Milano
Impaginazione: Graphostudio, Milano
Stampato in Italia: Grafiche Moretti, Segrate (Milano)

SPIN: 10745301

Presentazione

A metà del secolo diciannovesimo, Charles Baudelaire descrive la condizione dell'uomo di fronte alla natura come un viaggio attraverso una "foresta di simboli". Un secolo e mezzo dopo, nel pieno dell'esplosione della società dell'informazione, l'uomo contemporaneo attraversa "foreste di dati", entro cui rischia di smarrirsi come in un oscuro labirinto.

Il dato non è informazione, o meglio: non è ancora informazione. L'informazione è un dato che risponde a una domanda. Come tutte le altre discipline, la matematica, nei vari livelli in cui essi si articola, dalla scuola di base fino all'università e al mondo della ricerca, si interroga di fronte a Internet, la rete delle reti: che uso farne, quali benefici trarne, quale guadagno formativo ottenerne per il mondo della scuola?

A queste e ad altre simili domande dà una prima risposta questo agile volumetto, che si inserisce in una serie di volumi analoghi destinati a cultori di diverse discipline. Non un'enciclopedia, dunque, ma una guida sicura per entrare in un mondo in continua evoluzione, dove l'oggi è già domani e dove incalzano interessi e pressioni di varia natura, provenienti dal mondo dell'industria, dell'editoria, della politica, della televisione e degli altri mezzi di comunicazione.

In un momento in cui, da più parti, si cerca di svilire il ruolo delle singole discipline, questo volume vuol dare un aiuto concreto ai docenti di matematica per rendere l'insegnamento della loro disciplina più ricco e stimolante, più vicino alle modalità di comunicazione del mondo in cui viviamo.

Così troviamo indicazioni relative alla storia della matematica, ai software per la grafica e il calcolo simbolico, alle gare e ai giochi matematici, fino alle geometrie non euclidee e agli *Elementi* di Euclide strutturati in forma di ipertesto, con le costruzioni geometriche realizzate in linguaggio Java, modificabili in modo interattivo da parte dell'utente.

L'antico si sposa al moderno; Euclide, credo, non ne sarebbe dispiaciuto.

Milano, novembre 2000   *Giulio Cesare Barozzi*
                                           Università di Bologna

Sommario

VIII

1

Per cominciare

A. MARINI

1.1 Il Computer

Il computer è probabilmente il prodotto più rappresentativo del nostro tempo. Oggi è ampiamente diffuso, sia nei posti di lavoro che nelle case, viene utilizzato per moltissimi scopi e, grazie al suo continuo migliorarsi, costituisce il centro di aspettative e di progetti.

Gli attuali computer sono apparecchiature evolute e complesse che si presentano in moltissimi modelli. Non è questa la sede per descrivere accuratamente tutti gli aspetti di queste macchine. Nel descriverne le principali caratteristiche, prenderemo in considerazione i **personal computer** che possono

essere utilizzati per accedere alle risorse di Internet in una scuola o in una casa. In realtà, le apparecchiature sulle quali si basa l'organizzazione di Internet sono dei calcolatori molto potenti e con caratteristiche molto particolari ai quali, per ragioni storiche che descriveremo nel capitolo 2 (➪p. 13), si dà il nome di **server** (di Rete).

I server di Rete

Passiamo in rassegna le parti che costituiscono un personal computer.

Processore
- **Processore:** dispositivo elettronico per il controllo delle manovre di base che consentono il funzionamento automatico del sistema e l'esecuzione delle operazioni (aritmetiche, logiche, di immissione ed emissione delle informazioni, etc.) attraverso le quali si realizzano le prestazioni che l'Utente richiede. Le sue prestazioni si misurano in MHz, milioni di cicli operativi elementari al secondo, ed in dispositivi elettronici elementari di commutazione (**gate**) contenuti. In un processore attuale (Intel Pentium III, AMD K7, Motorola POWER PC G3, Alpha, etc.) le frequenze operative superano i 500 MHz e si vanno avvicinando ai 1.000, e si individuano oltre 10 milioni di gate.

RAM
- **Memoria ad accesso casuale (RAM):** dispositivo elettronico per la memorizzazione delle informazioni che sono a disposizione del processore per essere elaborate, immesse o emesse. Attualmente sono diffusi i computer dotati di 32, 64 ed anche 128 MB, milioni di byte, di ottetti di bit di RAM; tra qualche anno si arriverà ai GB, ai miliardi di byte.

Hard disk
- Disco rigido (hard disk) riscrivibile, serve alla memorizzazione di file di dati e di programmi. Sugli attuali PC è frequente un disco di 4, 6 GB, ma si possono raggiungere i 20, 30 GB.

Floppy disk
- **Disco flessibile** *(floppy disk)* analogo al precedente ma rimovibile e trasferibile a computer similari e di capacità molto più ridotta. Da tempo sono diffusissimi i floppy disk da 1.44 MB, ma ve ne sono di analoghi da 100 MB ed anche da 1,2 GB.

CD-ROM
- **CD-ROM** *(compact disk - read only memory)* analogo al disco rigido, consente di fornire programmi e dati al sistema. Sono diffusissimi i CD da 640 MB ed iniziano a diffondersi i DVD (digital versatile disk) da 3 GB fino ai 18 GB. Questi supporti possono essere anche riscrivibili ma le unità per registrare dati su di essi sono più costose di quelle per la sola lettura.

DVD

Monitor
- **Monitor a raggi catodici** (simile a quello del televisore) o schermo a cristalli liquidi (LCD, *Liquid Crystal Display*) per la visualizzazione delle informazioni mediante caratteri uniformi o mediante finestre in grado di presentare grafici e per il controllo interattivo dell'immissione di dati e richieste da parte dell'Utente che si serve di dispositivi come tastiera e mouse. Sono disponibili monitor da 15, 17, 19 e 21 pollici (misura della diagonale dello schermo) e schermi a cristalli liquidi da 12 fino a 15 pollici; al crescere dei

pollici e passando ai cristalli liquidi i prezzi crescono sensibilmente.

- **Tastiera** per l'immissione di caratteri e di richieste elementari (passaggio a capo, spostamenti del cursore sullo schermo, scorrimento di finestre, etc.). Si può scegliere tra tastiera italiana (con le lettere accentate) e tastiera angloamericana (dotata dei segni che facilitano la scrittura di programmi). Tastiera

- **Mouse,** per il controllo del cursore sullo schermo e l'immissione di richieste elementari nella posizione del cursore. Mouse

Ad un computer possono essere collegate diverse apparecchiature periferiche che, oggi, gli consentono di comunicare in vari modi con persone e macchine: stampanti per l'emissione su carta di testi e figure, joystick e simili dispositivi per il controllo dello schermo in alternativa al mouse; scanner per la lettura di pagine contenenti scritture ed immagini; telecamere digitali per la ripresa di scene; microfono ed altoparlanti per immissioni ed emissioni di parlato e suoni; schede simili a carte di credito. Di fatto, nel mercato esistono solo pochi standard riconosciuti a livello mondiale per cui per tutti questi dispositivi (e per molti altri più particolari) esiste piena compatibilità: in sostanza, lo stesso dispositivo può essere collegato con successo a tutti i calcolatori della stessa famiglia. Le periferiche

Ad un computer, inoltre, si possono collegare cavi di vario genere che permettono di comunicare con altri computer attraverso collegamenti locali o a distanza e con altre apparecchiature dotate di opportuni dispositivi elettronici che vanno dai telefoni ai televisori, dalle videocamere alle tastiere musicali, da macchine da calcolo tascabili ad apparecchiature industriali. Altri collegamenti possibili (con o senza cavo)

Per il collegamento ad altri computer distanti si utilizzano soprattutto i **modem**, che vedremo nel paragrafo che segue (⇨p. 7).Occorre aggiungere anche che cominciano ad essere disponibili collegamenti senza fili, wireless, basati sui raggi infrarossi, come accade agli usuali telecomandi.

Come in tutte le macchine relativamente complesse, nessuno dei componenti del computer è decisivo, da solo, nel determinare l'efficienza della macchina. La frequenza del **processore** è il primo indicatore di cui tenere conto: processori più veloci svolgono in minor tempo le operazioni e quindi devono essere preferiti ad altri più lenti. Anche la RAM, però, gioca un ruolo essenziale nel determinare la velocità del computer. Inoltre, da molti anni, i calcolatori sono di fatto macchine con più di un processore: ogni compito un po' delicato viene assegnato ad un processore a sé stante (e ovviamente progettato proprio per svolgere il compito che gli viene assegnato). Efficienza di un computer

Così, in un normale computer da tavolo esistono almeno due processori importantissimi (per non parlare di quelli che svolgono altre funzioni di contorno): la **CPU** vera e propria e il **processore della scheda video**, quello cioè che controlla l'invio dei segnali al monitor. Il quadro è ulteriormente complicato dal fatto che tutti questi componenti non hanno quasi mai un comportamento indipendente dagli altri né dai programmi che si usano. I venditori conoscono bene questa situazione e, non appena è possibile, propongono macchine "complete", delle quali sanno garantire le prestazioni con una certa fiducia. Fortunatamente per gli Utenti meno esperti, ormai un computer di livello base è ampiamente adeguato al collegamento alla Rete Internet per cui, entro limiti ragionevoli, la scelta per l'acquisto di un calcolatore non dovrebbe presentare particolari problemi.

I personal computer si presentano sotto due forme, come **desktop** (da tavolo) e come **portatili**; i primi sono più ingombranti e possono alloggiare più dispositivi; i secondi molto compatti ed in grado di lavorare senza alimentazione grazie alle loro batterie, almeno per qualche ora, consentono prestazioni ben poco inferiori ai precedenti e possono essere facilmente trasportati, consentendo la mobilità per tutti i lavori che richiedono di elaborare informazioni.

Perché un computer funzioni occorre un **sistema operativo** (in breve s.o.), cioè un complesso di programmi *(software)* di base che gestisca l'interazione fra l'uomo e la macchina e fornisca un insieme di programmi di servizio e di utilità. Nei sistemi operativi di ultima generazione questi programmi sono moltissimi e permettono di lavorare subito con il computer. Ai servizi offerti dal sistema operativo si appoggiano altri programmi, indicati complessivamente con il nome di software applicativo. Ce ne sono di tutti i tipi, per i compiti più disparati: dalla redazione di testi all'elaborazione di dati finanziari o tecnici, dalla gestione di CD sonori alla comunicazione con l'esterno, al divertimento e addirittura alla protezione del computer stesso da errori e dai virus (programmi maliziosi installati ad insaputa dell'Utente). Di seguito useremo il termine piattaforma per intendere l'accoppiata fra le apparecchiature fisiche (l'*hardware*) ed il sistema operativo (il *software di base*).

Diamo anche una rapida rassegna delle piattaforme più importanti. Per prima consideriamo la cosiddetta **piattaforma Wintel**, termine derivante dalla contrazione Windows ed Intel: si tratta dei PC con microprocessore Intel (386, 486, Pentium, Pentium II, Pentium III) e con uno dei s.o. prodotti dalla Microsoft (dal Windows 3, a Windows 95, Windows 98,

Windows NT, fino a Windows 2000 disponibile dalla seconda
metà del 1999). Si tratta della piattaforma più diffusa (oltre
l'80% delle nuove apparecchiature) prodotta dalla prima industria elettronica, la Intel, e dall'industria con la massima capi-
talizzazione in borsa, la Microsoft. Sono piattaforme molto ricche di prestazioni in termini di varietà di dispositivi collegabili, di automatismi organizzativi, di programmi applicativi disponibili. Viene accusata di essere un prodotto monopolistico
e, per quanto riguarda il s.o., tendente ad imporre un modo di
utilizzo che non favorisce innovazioni proposte da altri produttori di software e talvolta poco stabile, cioè facile alle cadute, a
causa della varietà delle prestazioni che vuole consentire.

Piattaforma Macintosh prodotta dalla Apple con processori POWER PC e sistemi operativi MacOSX.

Piattaforma
Macintosh

Continua la linea di prodotti che dagli ultimi anni '80 ha reso ampiamente disponibile la cosiddetta GUI (graphical user
interface) basata su schermo organizzato a finestre e mouse, il
tipo di interfaccia più semplice per gli Utenti non particolarmente esperti e specializzati (per certe prestazioni l'uso della
tastiera e dei comandi simbolici risulta più efficiente e meglio
calibrabile). Presenta prestazioni simili a quelle di Windows, in
certi settori risultando superiore, ma in molti altri meno dotata. Oggi detiene circa il 5% del mercato, avendo sofferto la sua
posizione minoritaria.

Piattaforma UNIX. Si basa su versioni parzialmente di-
scordanti del s.o. sviluppato in ambienti di ricerca a partire dagli anni '70, che ha promosso lo sviluppo di sistemi interope-
ranti e relativamente aperti (cioè più disponibili di altri alla
modifica e alla personalizzazione dei componenti di base); in
particolare sono stati soprattutto i sistemi UNIX quelli sui
quali si sono sviluppate le reti di computer, Internet e numerosi standard informatici aperti ed in particolare il linguaggio
Java. Le piattaforme UNIX sono proposte da industrie come

Piattaforma Unix

SUN (s.o. Solaris disponibile anche su processori Intel),
Compaq, **HP** (s.o. HPUX), **IBM** (s.o. AIX). **Silicon Graphics** e

Siemens. Anche queste piattaforme hanno prestazioni che
competono con quelle di Wintel, in genere a costi sensibilmente superiori e prestazioni singolarmente superiori ma meno variate (soprattutto per quanto riguarda la collegabilità di
periferiche poco tradizionali). Occorre però dire che molti server di Rete si basano su queste piattaforme perché è opinione

comune che esse siano più stabili per compiti che richiedono soprattutto garanzie di buon funzionamento. Queste piattaforme
soffrono comunque della loro piccola diffusione, soprattutto
presso gli Utenti non professionali e, ad eccezione di SUN Solaris,
non vengono più sviluppate con grande determinazione.

Piattaforma Linux. Si tratta di un s.o. (molto simile a
quello UNIX) progettato inizialmente da un singolo ricercatore, il finlandese Linus Torvald, che lo ha reso disponibile gratuitamente, e che ora viene coadiuvato da un ampio gruppo di
programmatori che procede nel suo sviluppo. A partire dal
1998 questa iniziativa, prima sottovalutata, ha iniziato ad avere
l'appoggio di molte industrie di software e di periferiche che
producono versioni dei loro prodotti per Linux (in genere oltre a versioni per Windows) preferendo questa piattaforma alle altre piattaforme UNIX. Questo appoggio è dovuto, oltre che
alle buone prospettive commerciali di una piattaforma diffusa
in una decina di milioni di esemplari, dal timore delle egemo-
nie di Microsoft e dalla prospettiva di contribuire allo sviluppo di un sistema veramente aperto, del quale si possano conoscere tutti i particolari per potere avere la libertà di intro-
durre varianti innovative.

Prestazioni in Rete
consentite dai PC
più recenti

Prestazioni
consentite
dai PC in uso
a partire dal 1990

Successo
di Internet e
del suo sviluppo

Attualmente si può accedere alla Rete sostanzialmente mediante tutti i tipi di piattaforme in uso. I personal computer
più recenti dispongono di risorse (in termini di velocità elaborativa, di capacità delle memorie e di dotazioni di software)
tali da consentire le prestazioni più impegnative, come le applicazioni avanzate degli odierni browser e la organizzazione
di videoconferenze. Certe prestazioni più semplici, come la
posta elettronica, il trasferimento di semplici file e l'accesso alle bacheche elettroniche (BBS) si possono però ottenere anche con personal computer già in uso intorno al 1990, come i
PC dotati del s.o. DOS o di Windows 3, i Commodore, gli Amiga
ed i primi computer Apple. Per ragioni storiche, infatti, certi
servizi di base della Rete sono organizzati in modo da poter essere fruiti, nelle prestazioni essenziali, anche da computer con
piccole risorse. Accade inoltre che il complesso delle componenti hardware, software e metodologiche (schemi, linguaggi,
convenzioni, etc.) che contribuiscono a rendere possibile l'accesso alle risorse della Rete globale di computer segua degli
standard internazionali di comunicazione e di interoperatività
molto precisi, lungimiranti e autorevoli. Solo il rispetto di questi standard ha consentito lo sviluppo su serie basi cooperati-
ve della Rete globale e la messa a punto di sistemi informatici
incisivi e di ampia portata. Questa situazione rende quindi pos-

sibile un accesso alle risorse di Rete mediante una ampia varietà di apparecchiature e di configurazioni. La decisione di ac-
costarsi ad Internet con nuove apposite apparecchiature che,
in qualche modo, deviano da questo percorso comune dovrebbe essere motivata da precise esigenze e attentamente
meditata.

1.2. La linea telefonica e il modem

Il problema della comunicazione tra calcolatori non si può risolvere solo attraverso le reti tradizionali, cioè quelle costituite da cavi disposti tra le macchine da mettere in comunicazione. Per rendere effettivamente disponibile il collegamento a
tutti gli interessati sarebbe necessario stendere nuovi cavi in
milioni di abitazioni e uffici, ma ciò sarebbe impraticabile.
L'ostacolo può, però, essere aggirato grazie all'utilizzo di un'altra Rete già esistente che ha proprio la caratteristica di essere
capillarmente diffusa sul territorio: la Rete telefonica.

Calcolatori comunicanti con reti tradizionali

    Attraverso il telefono, qualunque computer opportuna-
mente collegato riesce a trasferire i propri dati ad un altro
computer. Come si sa, il telefono tradizionale (o analogico) è
capace di trasmettere solo suoni e per il trasferimento dei dati è necessario un apparecchio che trasformi, secondo standard ben definiti, i dati in suoni. Tale apparecchio si chiama
modem. Il suo nome deriva dalle iniziali delle parole "modula-
zione" e "demodulazione" che indicano, appunto, i compiti
svolti dall'apparecchio: modulare, cioè trasformare i dati digitali in suoni in fase di trasmissione, e demodulare, cioè trasformare i suoni in dati in ricezione. Queste trasformazioni avvengono anche in un apparecchio abbastanza diffuso come il fax.
In ogni fax, infatti, esiste un modem che trasmette i segnali ottenuti "leggendo" la pagina al ricevente. Che questi siano dei
suoni (molto particolari, in effetti) lo si può verificare "ascol-
tando" un fax all'inizio o durante la trasmissione del documento.

La rete telefonica

Il modem

    L'avvento delle nuove linee digitali (attualmente lo stan-
dard più diffuso è ISDN) non ha modificato il quadro generale: la differenza sostanziale è che le linee digitali sono in grado
di trasmettere dati senza la loro preventiva traduzione in suoni e ad una velocità superiore rispetto a quella permessa dai
dispositivi tradizionali.

Le linee digitali

    Comunque, esiste sempre la necessità di avere un disposi-
tivo specifico per collegare il calcolatore alla linea telefonica e
questo dispositivo, anche se non svolge più i compiti di mo-
dulazione e demodulazione, si chiama ancora modem (in

TA - Modem ISDN

realtà sarebbe più corretto chiamarlo **TA**, cioè Terminal
Adapter, ma il nome modem ISDN è largamente accettato).

Velocità di un modem

La caratteristica principale di un modem è la velocità. Essa
viene misurata in caratteri al secondo (**cps**) o in bit per secondo (**baud**). I modem oggi in commercio sono in grado di
trasferire i dati fino ad una velocità di 57.600 baud per la linea
analogica mentre per la linea digitale lo standard è di 65.536
baud. Altri fattori però influenzano la velocità effettiva.
Innanzi tutto la qualità della linea può impedire collegamenti
oltre una certa velocità; inoltre, sorprendentemente, anche il
tipo di dati influisce sulla velocità di trasmissione, in quanto
nella vicenda interviene anche un complicato meccanismo di
compressione. I modem infatti dispongono di dispositivi di
compressione dei dati, le cui prestazioni dipendono dalla natura dei dati stessi che, quindi, influiscono sul rapporto tra la
quantità di dati trasmessa ed il tempo impiegato.

Il fax

Che cosa si può fare con un modem collegato al calcolatore? Innanzi tutto si possono inviare e ricevere i **fax**. I modem
oggi in commercio, sono, infatti, compatibili con gli standard
fax. Il fax viene visto dal computer come un particolare tipo di
stampante, una dispositivo che, invece di stampare sulla carta,
invia i dati al modem che chiama il numero e invia il fax.
Ovviamente, non si possono inviare in questo modo i documenti che siano disponibili solo in formato cartaceo. Per quanto riguarda la ricezione, invece, non esistono difficoltà se non
per il fatto che, per ricevere, computer e modem devono essere accesi (!). Dando gli opportuni comandi è possibile istrui-
re il modem in modo che "stia in attesa" di una chiamata e che
risponda come se fosse un fax; il documento ricevuto sarà memorizzato e successivamente stampato (se richiesto).

**Il collegamento
diretto tra
due computer**

Un'altra possibilità offerta dal collegamento telefonico è il
collegamento diretto tra due computer per la trasmissione
di dati. Si consideri il seguente esempio: una persona A deve
inviare un documento elettronico ad una persona B ed entrambe hanno i computer collegati con il telefono.
Disponendo di un programma di comunicazione (tali programmi vengono forniti a corredo dei modem) la trasmissione
è semplice e immediata. A indica al programma quale numero
deve essere chiamato e **B**, il chiamato, istruisce il proprio modem in modo che "stia in attesa". Quando il telefono squilla, il
modem risponde, i due modem si accordano tra loro su uno
standard comune di trasmissione e la comunicazione può iniziare, ad esempio A può inviare a **B** il documento. Questo tipo
di collegamento, che usa in modo esclusivo una linea telefonica tra due postazioni, è utilissimo quando si può stabilire il collegamento in modo diretto, ed è preferibile alle altre soluzioni

(ad esempio quelle che fanno uso della Rete Internet) perchè non usa risorse comuni ma solo quelle di mittente e destinatario, eliminando passaggi intermedi e aumentando la velocità di trasferimento. Sorprendentemente, l'uso di questa tecnica non è diffuso come dovrebbe, probabilmente perché richiede un breve periodo di addestramento all'uso del programma; tuttavia, i vantaggi di questo tipo di collegamento sono molti ed in alcuni casi esso fa veramente risparmiare tempo.

Una terza possibilità, anch'essa abbastanza poco diffusa in rapporto alla praticità di utilizzo in alcune occasioni, è il **controllo remoto** del computer. Si consideri un altro esempio: una docente vuole accedere ai dati presenti su un computer fisicamente a scuola; lei però si trova in un altro luogo (ad esempio a casa) dove ha comunque a disposizione un calcolatore collegato al telefono. Situazioni di questo genere sono molto frequenti, perché di solito le informazioni sono concentrate in un solo luogo (oltre all'esempio dell'insegnante e della scuola si pensi al professionista fuori dal proprio ufficio, che potrebbe avere interesse a consultare il proprio archivio collegandosi al calcolatore che contiene le informazioni). La soluzione consistente nel periodico trasferimento dei dati sul calcolatore "remoto" (quello lontano dalle informazioni) è onerosa, perché richiede un notevole sforzo per mantenere aggiornati i dati. Per risolvere questo problema sono nati i programmi di "controllo remoto". Questi programmi permettono di usare la tastiera del proprio calcolatore, il proprio mouse, il proprio video come se fossero la tastiera, il mouse, il video del calcolatore lontano. Ovviamente, è opportuno che l'accesso al calcolatore sia controllato da password e da altri meccanismi di protezione. Una leggera lentezza della risposta è ampiamente compensata dal vantaggio di non doversi muovere per accedere alle informazioni o, in alcuni casi critici, dalla possibilità di operare anche quando si è lontani dal luogo fisico di lavoro. Uno degli autori usa correntemente un programma di controllo remoto per risolvere problemi che si presentano su calcolatori che stanno a più di 10 km dalla propria abitazione, senza spostarsi da essa, al costo di una telefonata!

Il controllo remoto

Altri servizi, resi disponibili dall'evolversi congiunto delle tecnologie del telefono e del calcolatore, permettono cose che qualche anno fa parevano fantascientifiche. Alcuni modem, per esempio, includono programmi di segreteria telefonica per la registrazione sul calcolatore dei messaggi in arrivo. Anche il recente servizio di identificazione del chiamante, quello che permette di leggere il numero di chi sta chiamando, apre un ventaglio di possibilità sorprendente (ad esempio, la realizzazione di un sistema di risposta automatica che a seconda dell'identità del chiamante risponda con diversi messaggi).

Altre risorse del modem

L'evoluzione dei servizi connessi con la telefonia pare, al momento, inarrestabile. In questi anni il ruolo delle società di telecomunicazioni nel panorama economico mondiale è aumentato proprio in ragione del fatto che esse forniranno negli anni a venire lo strumento attraverso il quale viaggerà una discreta parte della conoscenza dell'umanità. Tali interessi possono spaventare alcuni, ma è fuori di dubbio che la qualità e la varietà dei servizi non potranno che migliorare sotto le forti pressioni del mercato.

1.3 I servizi non Internet

Avendo a disposizione un calcolatore collegato al telefono ci si può collegare ad altri computer e quindi alle varie risorse che altri hanno messo a disposizione. In questo paragrafo accenneremo brevemente a una risorsa che non usa la Rete Internet come supporto per il trasferimento delle informazioni. Si tratta delle **BBS (Bullettin Board Service)**.

Le BBS   Una BBS è un servizio di bacheca elettronica alla quale si accede tramite telefono e che solitamente usa un'interfaccia particolarmente semplice e non grafica. Una bacheca elettronica è l'analogo elettronico di una bacheca vera e propria, cioè uno spazio sul quale le persone affiggono avvisi e richieste, rispondono ad avvisi e richieste di altri, e così via. Il funzionamento di una BBS è simile. Ci si collega chiamando un certo numero telefonico e, dopo una semplice procedura di identificazione, si accede alle aree della BBS. Tutte le BBS hanno un'area messaggi, in cui si può scrivere e rispondere ai messaggi lasciati da altri, e un'area file, in cui sono messi a disposizione programmi e documenti di interesse per chi si collega.

La Rete FidoNet   Molte BBS in Italia sono collegate alla **Rete FidoNet**, una Rete di BBS che permette di gestire un sistema di collegamenti e messaggi in tutto il paese.

Dall'altra parte rispetto a chi si collega si trova un computer con almeno un modem (alcune BBS sono in grado di gestire più collegamenti contemporaneamente e hanno allora bisogno di più modem, uno per linea telefonica). L'unico requisito è che il computer e i modem siano sempre accesi.

Caratteristica delle BBS: l'essenzialità   Il mondo delle BBS punta sull'essenzialità. L'interfaccia è di basso livello grafico; in effetti, chi si collega ad una BBS non lo fa per vedere un bel programma di collegamento ma per reperire in modo rapido un programma o un documento di suo interesse o per leggere gli avvisi che la comunità di cui fa parte gli ha inviato. Ad esempio, una scuola potrebbe inviare ad ogni docente, sulla BBS gestita dalla scuola stessa, le circolari, gli avvisi e tutta la documentazione relativa alla vita scolastica.

Inoltre, la gestione di una BBS è infinitamente più semplice di quella di un sito Internet. Rispetto ai servizi che si possono offrire attraverso la Rete Internet, le BBS offrono il vantaggio di un collegamento diretto tra il chiamante e il destinatario (si evitano così tutti i problemi di affollamento della Rete che in alcune ore del giorno sono veramente fastidiosi). Il prezzo che si paga è una certa disomogeneità rispetto al mondo Internet, ma tale caratteristica potrebbe essere funzionale alla comunicazione, nel senso che essa potrebbe rendere più "privato" l'ambiente di lavoro della comunità. Nell'esempio precedente, la scuola potrebbe avere interesse che i docenti si colleghino direttamente alla BBS su un canale riservato, non condiviso con altri che, comunque, non avrebbero interesse ai dati stessi. Il controllo con password, inoltre, evita accessi indesiderati.

Infine, e si tratta sicuramente di un grosso pregio, la comunicazione attraverso BBS è possibile con calcolatori e modem anche non di ultima generazione, al contrario di quanto avviene nel mondo della Rete Internet dove le novità incalzano spingendo ad acquistare macchine sempre più potenti. Questo fattore non deve essere trascurato nel momento in cui si sceglie lo strumento attraverso cui distribuire l'informazione, perché in alcuni casi il raggiungimento in tempi rapidi e con costi contenuti degli obiettivi prefissati è più importante di altre questioni estetiche. Se ci si consente un paragone azzardato con la trasmissione delle informazioni attraverso le onde elettromagnetiche, la BBS sta alla Rete Internet come la radio sta alla televisione.

L'evoluzione delle interfacce verso una grafica sempre più elaborata (e talvolta immotivata) ha fatto sì che alcune BBS, rinunciando al minimo comun denominatore costituito dalla semplice interfaccia a caratteri, abbiano deciso di forzare i propri iscritti ad usare, per la consultazione, un programma particolare con un'interfaccia grafica più accattivante. Il tipo di servizi offerti si è però mantenuto sostanzialmente invariato. In questo ambito si possono citare gli esempi realizzati in alcune città che hanno realizzato le cosiddette "reti civiche", delle BBS ad accesso gratuito che intendono informare il cittadino sulle iniziative della città e fornire a tutti uno spazio di discussione. I programmi grafici per la consultazione di BBS (ad esempio **First Class, Excalibur**) creano sul calcolatore dell'Utente un'interfaccia particolare e offrono numerosi servizi per la gestione rapida ed efficiente della comunicazione da e per la BBS. Il limite di queste soluzioni è, evidentemente, che per collegarsi a tali BBS è assolutamente necessario disporre del programma specifico (detto **client**). Tali client sono

---

Gestione facile e velocità di collegamento

Disomogeneità rispetto al mondo Internet

Possibilità di controllo con password

Ultimo, grosso pregio: possibilità di usare computer e modem non di ultima generazione

Interfaccia con grafica elaborata

Le reti civiche: un esempio

I programmi Client

di norma gratuiti ma rimane il fatto che, mentre per le BBS tradizionali un programma di comunicazione permette il collegamento con tutti i vari servizi (cambiando solo il numero di telefono), per le BBS con client occorre in linea di principio un programma per ogni BBS (e l'installazione di tanti programmi, oltre ad essere sempre un'operazione delicata, provoca disuniformità di interfaccia che disorientano l'Utente).

Punti di forza e di debolezza delle BBS

In ultima analisi, potremmo dire che questi servizi offrono soluzioni che aspirano ad un grande pubblico, non volendo però piegarsi a standard impegnativi (quelli dettati dalla Rete Internet). Mentre l'essenzialità delle BBS tradizionali ha una sua ragion d'essere e rimarrà probabilmente il loro punto di forza, soprattutto nell'ambito delle piccole comunità di lavoro, si può prevedere che le BBS con client grafico saranno in breve soppiantate da strumenti analoghi, conformi agli standard Internet, e quindi altamente preferibili per tantissimi motivi (tecnici e non).

In sintesi

In questo capitolo abbiamo descritto sinteticamente il personal computer e definito alcuni termini di uso frequente. Sono stati analizzati, in particolare, il modem e tutti i servizi diversi dalla rete Internet ai quali si può accedere attraverso la linea telefonica.

2

La Rete telematica mondiale

F. Iozzi

2.1 Le reti di calcolatori

Da quando i calcolatori sono diventati uno strumento naturale per l'elaborazione delle informazioni (tra gli anni '60 e '70) è nata l'esigenza di veicolare l'informazione tra postazioni collocate in aree diverse e potenzialmente molto lontane (ad esempio, tra gli uffici decentrati della pubblica amministrazione).

Il problema degli anni '60

La soluzione al problema negli ambienti aziendali alla fine degli anni '60 consistette nella dislocazione di 'stazioni terminali' del computer centrale in tutte le postazioni necessarie. Questa soluzione prevede che i singoli terminali, collegati direttamente al calcolatore centrale, ne usino le risorse come se fossero collocati in una stanza vicina, l'unica differenza essendo data dalla distanza (praticamente illimitata) coperta dal collegamento. I pregi di questa soluzione sono essenzialmente due. Il primo è che il terminale è un dispositivo molto semplice, costituito, di solito, da un video e da una tastiera, e dal costo quindi contenuto (rispetto ad una macchina più attrezzata). Il secondo è che le informazioni non vengono distribuite tra i terminali, ma risiedono solo nel calcolatore centrale (ov-

La soluzione adottata alla fine degli anni '60

viamente, proprio per le limitazioni delle capacità dei terminali stessi): in questo modo, la consistenza delle informazioni (il fatto cioè che siano coerenti e aggiornate) è automaticamente garantita dal fatto che la loro collocazione fisica è unica. I terminali di questo tipo sono spesso chiamati **terminali stupidi**, nel senso che non svolgono alcuna funzione intelligente di elaborazione dati.

I "terminali stupidi"

Per molti anni tale soluzione rimase l'unica praticabile (anche per molti altri motivi legati a questioni più strettamente tecnologiche) ma l'avvento dei personal computer (e cioè di macchine dalle grandi capacità elaborative e dal costo contenuto) a partire dalla metà degli anni '80 cambiò lo scenario in modo radicale.

Il problema a metà degli anni '80

Nella nuova situazione, in cui i compiti dell'apparecchio con cui si lavora non si riducono all'interrogazione del calcolatore centrale, ma comprendono anche altre attività "intelligenti" come, per esempio, l'elaborazione di testi e la loro archiviazione, il terminale è insufficiente. Inoltre, aumentando l'informatizzazione della società, il modello a terminali "stupidi" non riesce a ripartire il carico di lavoro tra le macchine, congestionando il calcolatore centrale che riceve tutte le richieste che provengono dalla periferia.

Progressivamente, quindi, i terminali sono stati sostituiti da stazioni "intelligenti" (e quindi dotate di capacità elaborativa autonoma); negli anni '90 i terminali stupidi sono stati relegati a situazioni particolari. Tuttavia, aumentando le capacità di lavoro delle stazioni remote (lontane dal calcolatore centrale), sono sorti altri problemi, legati agli standard di collegamento tra le varie macchine. Il continuo succedersi dei modelli ed il differenziarsi dei pacchetti applicativi nel mondo dei personal computer ha peggiorato molte situazioni e oggi si possono trovare organizzazioni in cui coesistono macchine diverse (per caratteristiche tecniche) con sistemi operativi diversi (anche per macchine dello stesso tipo; si pensi alle varie versioni del sistema operativo DOS-Windows di Microsoft) e con versioni degli stessi programmi poco compatibili tra di loro. Nello scenario dei terminali stupidi, non esistono problemi di collegamento dal punto di vista delle sue modalità operative. I terminali sono forniti insieme con la macchina centrale, capaci di colloquiare solo con essa che, a sua volta, conosce di norma un solo modo di "parlare": quello che usa con i suoi terminali. Questo è essenzialmente un sistema chiuso verso l'esterno, incapace di includere al suo interno una macchina che non segua le modalità prefissate, di solito, dalla casa costruttrice. Se si aggiunge che tali modalità standard sono state protette per lungo tempo dalle aziende costruttrici diventando irriproduci-

La soluzione negli anni '90

Il problema degli anni '90

bili su piattaforme diverse da quelle sulle quali sono nate (anche per ragioni commerciali), si capisce come i prodotti dell'informatica negli anni '70 ed '80, ancorché poco flessibili, abbiano potuto fruttare cifre astronomiche. L'adeguamento del sistema informativo di una azienda richiedeva o il cambiamento radicale dell'attrezzatura (con costi di solito proibitivi) o il suo adeguamento, ma in tal caso, per i motivi che sono stati esposti, era sostanzialmente tassativo rivolgersi al fornitore precedente senza alcuna possibilità di scelta. Lo scenario, si diceva, è oggi radicalmente modificato. In molte situazioni coesistono macchine di tipo diverso e risulta necessario collegarle insieme per condividere le informazioni (perché, come si è detto, esse tendono ad essere distribuite all'interno delle organizzazioni). Il prezzo da pagare per questo collegamento è legato alla definizione di standard operativi comuni che, per necessità, devono essere un minimo comune denominatore a cui tutti si devono rapportare.

Il prezzo da pagare

Gli standard di comunicazione tra calcolatori si chiamano **protocolli** (etimologicamente, la parola ha infatti il significato di insieme di regole da rispettare per eseguire una determinata procedura). I protocolli quindi sono in un certo senso i "linguaggi" con cui i calcolatori riescono a "parlare" quando colloquiano tra loro. Dovrebbe risultare evidente che i protocolli sono ben distinti dai mezzi di collegamento (cavi, altri dispositivi elettronici). In generale, infatti, uno stesso dispositivo di comunicazione accetta diversi protocolli.

I protocolli

Si può spiegare ulteriormente questo concetto ricorrendo all'esempio fornito dalla linea telefonica. Tale canale di comunicazione è noto e familiare e si sa che attraverso di esso si trasmettono messaggi di almeno due tipi, la voce e il fax. Ognuno di questi canali prevede proprie fasi convenzionali per l'avvio della comunicazione (si risponde "Pronto" o il fax emette i suoi particolari suoni); le regole sono necessarie per stabilire le comunicazioni (è impossibile ricevere un fax simulando con la voce i suoni che la macchina invia) e non si può prescindere da esse. Infine, ciascuno dei due modi di comunicare ha una sua funzione specifica ed è, a suo modo, insostituibile.

Si può riassumere quanto detto descrivendo le reti di calcolatori come composte da due strutture: una fisica (i collegamenti veri e propri, i cavi, e quant'altro è necessario per mettere in comunicazione le macchine) e una logica (un insieme di protocolli che stabiliscono le modalità di colloquio tra le macchine). Le due strutture sono a priori indipendenti, anche se di fatto esistono delle specifiche tecniche che richiedono che per certi tipi di collegamento si utilizzino delle particolari attrezzature. Come si vedrà più avanti, per quanto riguarda

Reti di calcolatori

la Rete Internet, la possibilità di trasferire più tipi di messaggi sullo stesso canale di comunicazione è uno delle caratterizzazioni più importanti della Rete stessa ed uno dei fattori principali del suo successo.

2.1.1 La Rete Internet

La Rete Internet è, innanzi tutto, una Rete di calcolatori o, per essere più precisi, una "Rete di reti di computer". È una Rete di dimensioni mondiali (collega cioè punti distribuiti in tutti i paesi del globo) che usa, per far parlare i calcolatori tra di loro, una particolare famiglia di protocolli di comunicazione **(Fig. 1)**. Questa famiglia viene indicata con l'acronimo **TCP/IP (Transfer Control Protocol / Internet Protocol)**. Ad ogni protocollo, come si vedrà più avanti, corrisponde un particolare servizio che la Rete Internet mette a disposizione. I singoli protocolli della famiglia verranno esaminati in dettaglio nel prossimo capitolo. Qui la discussione sarà limitata ad una panoramica sulle problematiche che investono la Rete nel suo complesso, indipendentemente da quale protocollo venga usato. Nel seguito, per alleggerire il flusso del discorso, si scriverà semplicemente "la Rete" in luogo di "la Rete Internet", seguendo una prassi ormai consolidata.

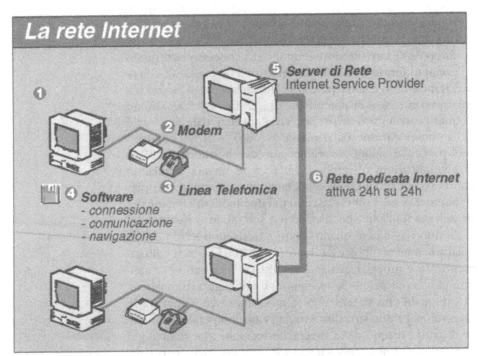

Fig. 1. La connessione alla Rete si realizza attraverso il computer dell'Internet Service Provider prescelto, utilizzando la propria linea telefonica [da: R. Gallicchio, M.M. Ciulla (1998) Il Ginecologo e Internet. Springer-Verlag, Milano, p. 5]

Prima di proseguire nella descrizione della Rete, è necessaria un'osservazione di carattere storico. Come si è detto nel precedente paragrafo (⇨p. 13), quanto più le macchine sono diverse, tanto più sono difficili da definire i protocolli di comunicazione, cioè i linguaggi che le macchine usano per parlarsi tra loro. Oggi, con il vasto panorama di calcolatori che il mercato mette a disposizione, che ci siano macchine diverse da collegare tra loro non sembra un fatto sorprendente. Ma quando negli anni '70 furono definiti i protocolli TCP/IP la cosa non era così evidente ed è sorprendente la lungimiranza del gruppo di lavoro che allora definì tali modalità, ancora oggi efficaci .

Osservazioni sui protocolli fissati negli anni '70

Si è detto che la famiglia di protocolli TCP/IP è quella che viene usata sulla Rete Internet per far parlare i calcolatori tra loro. La stessa famiglia TCP/IP viene anche usata per collegare computer vicini tra di loro, ad esempio quelli di un ufficio. L'unica differenza sostanziale è che solitamente una Rete di questo tipo non è accessibile da chiunque ma solo da chi ne è autorizzato (contrariamente a quanto avviene per la Rete Internet, in cui di solito le informazioni sono disponibili a chiunque). A questo tipo di reti, chiuse (almeno parzialmente) verso l'esterno e con protocolli TCP/IP, è stato dato un nome particolare: **Intranet**.

La rete Intranet

Il grande successo della Rete Internet come mezzo di comunicazione su scala mondiale ha determinato la trasformazioni di molte reti aziendali in Intranet. Per avere un'idea del perché di questo fenomeno, si pensi a un'azienda che vuole pubblicizzare il proprio catalogo di prodotti attraverso Internet e che, per questo motivo, costituisce una struttura informativa aperta verso l'esterno mediante uno o più nodi collegati ad Internet. L'azienda, però, è contemporaneamente obbligata a dare alla propria struttura commerciale (i venditori) informazioni più ricche di quelle fornite ai potenziali clienti (per esempio, vuole che i venditori conoscano il margine di guadagno sul singolo prodotto); in questo caso, usare due protocolli di comunicazione diversi per dare i due tipi di informazioni sarebbe poco efficace e, soprattutto, richiederebbe la duplicazione degli sforzi da parte di chi organizza la struttura informativa. Sarebbe come se chi risponde al telefono dell'azienda parlasse in due lingue, in italiano con i clienti, in inglese con i venditori. La soluzione ottimale (quella effettivamente messa in pratica) è un'altra: parlare la stessa lingua con tutti ma selezionare l'informazione a seconda del richiedente.

La trasformazione di molte reti aziendali

Oggi, le Intranet si stanno sviluppando anche in strutture non commerciali e, in particolare, nelle scuole. La Rete interna alla scuola (quella costituita dai calcolatori dei laboratori, da quelli della segreteria, e così via) diventa una Intranet e alcune

Le reti interne nelle scuole

delle informazioni che essa possiede (per esempio, l'orario di ricevimento dei docenti, l'orario scolastico, l'elenco dei libri di testo, etc.) vengono rese disponibili all'esterno. Il collegamento verso l'esterno viene realizzato con appositi dispositivi chiamati **gateway**, vie d'uscita, proprio perché costituiscono i percorsi che le informazioni seguono quando vanno verso l'esterno. Tali dispositivi, inoltre, controllano che il flusso informativo non si inverta, se non sotto determinate condizioni. In tal caso, infatti, dall'esterno si potrebbe accedere ai calcolatori interni alla Rete scolastica con conseguenze difficilmente prevedibili. Si è fatto questo breve cenno ad una possibile organizzazione di un sistema informativo di una scuola perché, analogamente a quanto si vedrà nel prossimo capitolo a proposito della scelta e dell'uso delle password (⇨p. 29), la conoscenza di base della struttura di una Rete scolastica è essenziale per la scelta delle soluzioni ottimali ai problemi della sicurezza. Qui si vuole porre l'accento sui requisiti minimi che un sistema informativo deve avere perché sia affidabile. L'esperienza ci ha insegnato che tali problemi nelle scuole sono spesso sottovalutati, perché, in buona fede, i docenti pongono l'attenzione soprattutto sulle problematiche di utilizzo del sistema in classe, preoccupandosi poco della sicurezza dello strumento. È solo in occasione di incidenti spiacevoli, come ad esempio la perdita di un documento elettronico o di altri dati essenziali per la scuola, che i docenti vengono a conoscenza delle problematiche della sicurezza nell'uso dei calcolatori.

È ora utile conoscere un poco più a fondo il modo in cui le informazioni vengono trasferite sulla Rete.

Una prima caratteristica della Rete Internet è legata al modo di veicolare le informazioni che viaggiano su di essa. Analogamente a quanto succede in una grande città, nella quale per arrivare da un punto ad un altro si possono percorrere diverse strade, alcune più lunghe, altre più corte ma in certi momenti intasate, la Rete Internet è organizzata in modo da gestire dinamicamente il percorso che le informazioni devono seguire nel loro spostamento da un computer ad un altro. Questo modo di disporre la Rete ha il grosso vantaggio di resistere a inconvenienti quali l'interruzione di un tratto: se una strada è interrotta si possono seguire percorsi alternativi che portano comunque a destinazione. È necessario, però, che sulla Rete stessa siano presenti alcuni "vigili" che guidino il traffico, indirizzando di volta in volta le informazioni lungo le strade che sono al momento meno intasate. Tali vigili, che sono in realtà a loro volta dei computer, si chiamano **router**, in italiano "instradatori".

Questo meccanismo di trasferimento delle informazioni ha
però uno svantaggio. Poiché il percorso non è predeterminato
e l'informazione transita per tanti calcolatori prima di arrivare
a destinazione, è possibile che altri, oltre al mittente e al destinatario, possano leggere il messaggio: la Rete è quindi intrin- Limiti
secamente insicura. Tuttavia, il grande sviluppo che le teleco- della Rete
mincazioni hanno avuto negli ultimi anni ha determinato un'e-
voluzione altrettanto rapida degli strumenti di crittografia.
Questi strumenti hanno raggiunto un alto livello di affidabilità
e sono ritenuti dagli esperti sufficienti per proteggere da oc- Strumenti
chi indiscreti le informazioni delicate che circolano sulla Rete di crittografia
(numeri di carte di credito, dati bancari, informazioni personali e così via).

Un'altra particolarità della Rete Internet, sempre per quanto riguarda il trasferimento delle informazioni da un computer Modalità di
ad un altro, è legata al modo in cui ogni singolo messaggio vie- trasferimento
ne trasferito. La Rete, infatti, scompone l'informazione in **pac-** delle informazioni
chetti, ognuno dotato di mittente e destinatario, di dimensioni in Rete
ridotte (qualche centinaio di caratteri). In questo modo, il messaggio originale viene decomposto prima di partire e ricompo-
sto presso il destinatario prima di essere mostrato **(Fig. 2)**. Così,

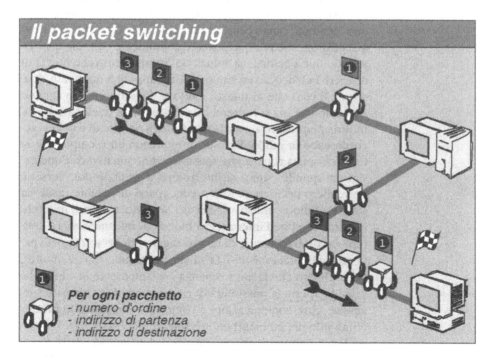

Fig. 2. Ogni documento viene suddiviso in pacchetti che, contrassegnati da un numero d'ordine, un indirizzo di partenza e uno di destinazione, seguono percorsi indipendenti. La rico-
struzione del messaggio avviene all'arrivo, sul computer del destinatario [da: R. Gallicchio,
M.M. Ciulla (1998) Il Ginecologo e Internet. Springer-Verlag, Milano, p. 2]

se qualche pacchetto non arriva a destinazione, il destinatario può richiedere al mittente di inviare di nuovo solo i pacchetti mancanti e non l'intero messaggio. Inoltre, in questo modo la comunicazione viene suddivisa in tante "microcomunicazioni", riducendo in modo drastico il tempo per cui le macchine mittente e destinataria sono impegnate. Di contro, la suddivisione del messaggio in più pacchetti crea di fatto più messaggi del necessario. Chi ha deciso questa modalità di comunicazione ha giustamente ritenuto che il costo sostenuto per l'aumento del numero dei messaggi fosse inferiore a quello necessario per mantenere attiva per lungo tempo una comunicazione tra due calcolatori.

La suddivisione della comunicazione

Per cercare di spiegare meglio questo meccanismo, si consideri questa analogia. Si supponga che una persona debba ricevere da un'altra un elenco di 100 nominativi e che la linea telefonica non sia delle migliori. Le due persone potrebbero accordarsi per fare una lunga telefonata in cui una detta i nominativi e l'altra li scrive. Tuttavia, se la comunicazione dovesse interrompersi (la linea è disturbata) occorrerebbe, dopo averla ristabilita, individure il punto esatto in cui la trasmissione dell'elenco si è interrotta in modo da riprendere senza perdere dati né creare duplicati: questa operazione potrebbe essere particolarmente lunga. Secondariamente, il telefono delle due persone rimarrebbe costantemente occupato e quindi inaccessibile a chiunque dovesse comunicare con una qualsiasi delle due persone. La soluzione Internet è invece quella di dividere l'elenco, ad esempio, in 20 gruppi di 5 nominativi ciascuno. È vero che in questo modo si dovrebbero fare almeno 20 telefonate ma si tratterebbe comunque di telefonate brevi. Inoltre, per quanto riguarda le eventuali perdite di dati ci si accorderebbe in modo diverso. Supponendo ad esempio che la terza chiamata (quella che trasferisce i nominativi dall'undicesimo al quindicesimo) si interrompa a metà, le due persone potrebbero decidere di non preoccuparsi di stabilire quale sia stato l'ultimo nominativo ricevuto: semplicemente, il mittente ritrasmetterebbe l'intero terzo blocco di informazioni (si tratterebbe probabilmente di un messaggio più breve di quelli necessari alla precisazione). Le chiamate in successione, inoltre, eviterebbero che la linea rimanga costantemente occupata, lasciando aperta la possibilità di ricevere, tra due chiamate successive, altre comunicazioni e comunque impegnando la macchina solo nei momenti effettivamente necessari.

Il meccanismo di trasferimento

C'è infine un ulteriore vantaggio determinato dalla scomposizione di una comunicazione in tante microcomunicazioni: con questa tecnica, infatti, si rende possibile il collegamento con più servizi contemporaneamente (seguendo l'analogia precedente, sarebbe come se il ricevente dovesse acquisire più di un elenco da più mittenti). Alla macchina ricevente rimane solo il compito di fare ordine tra i tanti pacchetti ricevuti in modo da mettere insieme quelli appartenenti allo stesso messaggio. Ogni servizio, infatti, occupa le risorse del calcolatore tante volte, ma ognuna per pochi istanti.

2.1.2 Origini della Rete

La Rete Internet si è sviluppata tra la fine degli anni '60 e l'inizio degli anni '70 per agevolare lo scambio di informazioni nel mondo accademico. In molti Paesi sono state proprio le università a costruire la struttura portante della Rete (hanno cioè materialmente posato i cavi per i collegamenti) permettendo comunque agli altri Utenti di attraversare i propri tratti (come se ogni palazzo di una città si fosse asfaltato il proprio tratto di strada lasciandola comunque aperta al traffico di tutti). Per questo motivo, la Rete Internet non ha un "padrone", nel senso che la struttura fisica che le fa da supporto è frazionata in minuscole parti appartenenti ognuna ad un'organizzazione diversa, e inoltre, molte di queste organizzazioni sono senza fini di lucro.

I primi collegamenti

Da quanto detto si comprende perché la Rete è "naturalmente anarchica". In un mondo che "fisicamente" non ha padroni, l'imposizione di un controllo superiore è sempre accolta con diffidenza, anche quando gli scopi sono condivisibili dalla maggioranza degli Utenti. Questo non vuol dire che sulla Rete non ci siano regole, anzi. Esistono numerose disposizioni, più o meno restrittive, che regolano tutte le attività che si svolgono su di essa; queste disposizioni però non sono state imposte da un'autorità superiore ma sono venute dal basso, passando successivamente dallo stato di proposta a quello di bozza approvata, di raccomandazione, per finire in alcuni casi nella definizione di standard internazionali veri e propri. Proprio il fatto che queste regole siano originate da lunghi processi di discussione tra gli attori principali (gli Utenti) rafforza il valore prescrittivo di tali regole. Contrariamente a quanto alcuni ritengono, quindi, il mondo della Rete è a suo modo ordinato. Ignorare questo fatto porta prima o poi ad assumere comportamenti fastidiosi (se non dannosi) nei confronti degli altri Utenti della Rete. Alcune di queste regole sono praticamente regole di buona educazione (e infatti sono spesso indicate con il termine netiquette, contrazione del termine inglese net, in italiano "Rete", e del termine francese etiquette). L'importanza della **netiquette** è considerevolmente aumentata dal fatto che

La nascita delle regole che governano la Rete

Standard internazionale come punto di arrivo di un processo democratico

La netiquette

nella comunicazione sulla Rete non esiste altro che il messaggio stesso per comunicare (contrariamente a quello che succede nell'ordinaria vita sociale, in cui ogni singola azione, bene o male educata che sia, fa parte di un insieme di messaggi che vengono inviati contemporaneamente). Alla luce di queste considerazioni, si vogliono sollecitare i docenti, il cui compito educativo è sempre più importante all'interno del loro lavoro, a mettere bene in evidenza tale problematica, facendo riflettere gli studenti sul fatto che la Rete non è il luogo in cui tutto si può fare, senza alcun controllo, ma che, come tutti gli altri spazi, reali o virtuali, condivisi da più di un soggetto, ha le sue regole che vanno conosciute e rispettate.

Il tema della netiquette nella scuola

Infine, l'origine accademica della Rete Internet è anche il motivo principale della sua ricchezza. Sulla Rete, infatti, trovano immediatamente spazio i materiali prodotti dalle università: questi materiali sono quasi sempre di alto livello intellettuale e spesso, proprio perché parte di lavori scientifici, completamente gratuiti.

La certificazione accademica

Come vengono identificati i computer collegati in Rete?

Attualmente, ad ogni computer viene associato un codice univoco cosituito da quaterne di numeri variabili ciascuno da 0 a 255 (corrispondono a 4 byte). Per esempio, 193.205.34.2 è l'identificativo di un computer che si trova presso l'università Bocconi di Milano. Per le grandi organizzazioni tali numeri sono fissi. Per gli Utenti che si collegano alla Rete occasionalmente (per esempio, attraverso il telefono) e che sono la maggioranza, la quaterna viene assegnata al momento del collegamento e varia ogni volta che ci si collega (analogamente a quello che succede quando si prende un auto a noleggio: si è identificabili attraverso la targa dell'automobile ma l'automobile, e quindi anche la sua targa, variano ogni qual volta si inizia un noleggio).

Codice numerico di identificazione dei computer

La codifica numerica degli indirizzi è poco pratica perché di difficile memorizzazione ed è perciò stata affiancata da un sistema più intuitivo in cui ad ogni quaterna di numeri è associato un nome: ad esempio, alla quaterna precedente è associato il nome www.uni-bocconi.it. Per l'Utente della Rete basta quindi ricordare il nome dell'indirizzo per accedervi: all'interno della struttura della Rete ci sono delle macchine particolari che si preoccupano di far corrispondere ai nomi le quaterne di numeri, permettendo così il collegamento; tali computer (detti **DNS, Domain Name Server**) svolgono un ruolo analogo a quello dei gestori dell'elenco del telefono (**Fig. 3**).

Associazione di un nome al codice numerico

I gestori dei codici

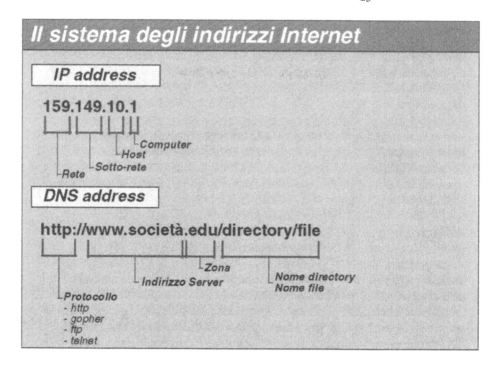

Fig. 3. L'IP address e il DNS name sono due modi per identificare un computer host: il primo finalizzato alle macchine, il secondo finalizzato agli Utenti [da: R. Gallicchio, M.M. Ciulla (1998) Il Ginecologo e Internet. Springer-Verlag, Milano, p. 7]

In sintesi

In questo capitolo sono state introdotte alcune nozioni elementari sulle reti di calcolatori. Si è fatto notare che una Rete è non solo una struttura di collegamento ma anche un insieme di "protocolli di comunicazione", cioè di linguaggi che i calcolatori usano per parlare tra loro. La Rete Internet è una Rete di dimensioni mondiali che usa la famiglia di protocolli TCP/IP; se gli stessi protocolli sono usati in reti chiuse si parla di Intranet.

Sono state illustrate le modalità di trasferimento delle informazioni sulla Rete (suddivisione delle informazioni in pacchetti, instradamento dei pacchetti, individuazione dei calcolatori sulla Rete) mettendone in evidenza pregi e difetti.

CAPITOLO

3

Come collegarsi a Internet

F. Iozzi

3.1 Che cosa serve

Il collegamento alla Rete avviene, per la maggior parte degli Utenti, attraverso la linea telefonica. Pertanto è necessario che chi si collega abbia a disposizione un modem e, ovviamente, una linea telefonica (⇨p. 7).

Fino a poco tempo fa, la linea telefonica era solo di un tipo, analogica. Oggi, però, è disponibile anche per le abitazioni il collegamento con linea digitale (**ISDN**), capace di trasferire una quantità di informazioni superiore e di gestire più di un collegamento alla volta. È così possibile rimanere collegati in Internet e ricevere telefonate dall'esterno. Naturalmente, occorre che ognuno faccia un'analisi costi/benefici perché, per il momento, le linee digitali e i collegamenti Internet su tali linee hanno costi superiori agli altri. Chi pensa di fare un uso intensivo della Rete è opportuno che faccia ricorso alla linea digitale; viceversa, l'Utente occasionale potrà rimanere collegato alla linea analogica senza per questo notare una sensibile differenza. Il consiglio che si può dare al neofita è quindi quello di iniziare con un collegamento analogico e successivamente, se le circostanze lo richiederanno, passare alla linea digitale.

Linee analogiche e digitali

Anche il modem, di solito, deve essere configurato, cioè bisogna che il calcolatore sia messo in grado di "parlare" con questo dispositivo. In alcuni sistemi operativi questa procedura è automatica e completamente trasparente all'Utente. In altri, invece, richiede un poco di lavoro e le operazioni da compiere dipendono dal modem (nel senso che modem di diversi produttori possono avere differenti procedure di configurazione). Non è quindi possibile in questa sede dare dei suggerimenti particolari per l'installazione dell'apparecchio. Per queste delicate operazioni, comunque, l'Utente alle prime armi dovrebbe affidarsi ad amici o conoscenti di sicura esperienza o, se possibile, ai rivenditori, evitando così le frustrazioni provocate da giornate intere passate a cercare di far funzionare una macchina con cui non si ha la necessaria confidenza.

Modem esterni ed interni

Il modem può essere installato direttamente dentro il calcolatore, oppure esternamente, collegato ad una presa del calcolatore. Quale sia la scelta migliore non è facile a dirsi. Se si dispone di più di un calcolatore, il modem esterno è preferibile perché può essere collegato di volta in volta al calcolatore che ne ha bisogno. Nel modem esterno, inoltre, è possibile controllare il funzionamento attraverso alcune spie luminose. Il modem interno, invece, è più pratico per la situazione probabilmente più diffusa, un solo calcolatore a disposizione di un Utente non esperto.

Le differenti velocità che si dichiarano per i modem sono velocità massime. Di fatto, il traffico sulla Rete è tale per cui solo raramente si riesce a raggiungere tali velocità, rimanendo di solito ben al di sotto di tali soglie. Per questo motivo, la velocità del modem non dovrebbe essere un fattore determinante nella scelta del dispositivo, sempreché l'uso principale sia il collegamento alla Rete Internet.

3.2 La scelta del provider

Predisposta la macchina per il collegamento, occorre ora scegliere attraverso quale organizzazione collegarsi alla Rete. Come si è già detto, alcune organizzazioni (enti pubblici, università, grandi aziende) sono permanentemente collegate alla Rete. Tali collegamenti hanno un costo che per dette organizzazioni è ragionevole. Per l'Utente generico, però, tale costo è proibitivo e allora alcune società hanno iniziato a fornire servizi di "accesso alla Rete". Pagando un certo canone (spesso annuale, ma ultimamente sono proposte nuove formule di pagamento più articolate) ci si assicura la possibilità di collegarsi alla Rete attraverso la linea telefonica potendo usare le sue risorse, di solito senza alcuna limitazione. Per fare un'analogia, si può pensare alle automobili: il costo di un'automobile è comunque alto e chi non pensa di farne un uso abbastanza intensivo non ne compra una ma si appoggia ai servizi di noleggio. È opportuno segnalare che l'analogia non regge se si confrontano i costi di esercizio: mentre l'affitto di un'automobile per un lungo periodo diventa comparabile con il costo di un'automobile nuova, il costo di un abbonamento annuale ai servizi Internet è una frazione infinitesima del costo di esercizio di una postazione perennemente collegata alla Rete.

I fornitori di accesso alla Rete Internet si chiamano comunemente **Internet Provider** (questa parola inglese significa, appunto, fornitore).

Ogni provider offre un certo numero di **POP (Point Of Presence**, punti di presenza), cioè di numeri telefonici a cui chiamare per collegarsi alla Rete. Poiché il costo dell'abbonamento ai servizi è di solito annuale, l'unico costo variabile è quello delle telefonate fatte per collegarsi al POP. Ogni Utente, quindi, avrà interesse a collegarsi al POP più vicino, riducendo i costi per la teleselezione. Alcuni provider hanno diffusione nazionale, nel senso che hanno numerosi POP sparsi in tutta l'Italia; altri lavorano su scala regionale, offrendo i loro servizi solo ad alcuni distretti telefonici.

I numeri da chiamare per collegarsi

I servizi che i provider offrono sono in genere abbastanza uniformi (accesso alla Rete, almeno una casella di posta elettronica, spazio su dischi per la memorizzazione di file di dati) e si differenziano solo in particolari che il grande pubblico spesso sottovaluta. Se si riprende l'analogia con il noleggio di automobili si comprende perché queste caratteristiche dovrebbero invece essere valutate con maggiore attenzione. Semplificando, si supponga che esistano solo due compagnie per il noleggio di automobili, una con 10 auto disponibili e l'altra con 100. Evidentemente, il rischio che la prima compagnia non possa fornire il servizio è più alto, perché soddisfatti 10 clienti sarebbe costretta a mandare via l'undicesimo. L'altra compagnia non avrebbe questo problema ma, probabilmente, avrebbe tariffe più elevate, se non altro per i costi sostenuti per ampliare il parco macchine.

Servizi offerti

La differenza tra le compagnie, inoltre, andrebbe valutata anche analizzando le automobili che vengono offerte. Se una delle compagnie offrisse solo piccole cilindrate e l'altra automobili di prestigio con motori potenti, la differenza di prezzo potrebbe essere giustificata.

La qualità come criterio di scelta

Quanto detto si traduce, nel caso dei collegamenti alla Rete Internet, nella possibilità di trovare la linea occupata o nell'avere a disposizione collegamenti lenti e quindi inefficaci.

Alcune riviste del settore, periodicamente, svolgono confronti tra i provider più popolari; si può guardare a questi risultati per avere un'idea di come certi confronti andrebbero effettuati. Rimane il fatto che il mercato italiano di questo settore è lungi dall'essere trasparente. Basti pensare che uno dei maggiori provider (Telecom Italia Net) è di fatto proprietario anche della Rete della telefonia urbana (come se una delle compagnie di autonoleggio fosse anche proprietaria delle strade della zona).

Per quanto detto, quindi, scegliere il provider con il costo più basso potrebbe non essere la scelta migliore. I costi bassi possono essere un sintomo di strumentazioni inadeguate al traffico (che si traducono in collegamenti lenti) o semplicemente di politiche commerciali molto aggressive (e in tal caso gli svantaggi potrebbero essere minori; tuttavia, un improvviso aumento del numero dei clienti potrebbe comportare un rapido degrado del servizio). Viceversa, i costi alti sono talora giustificati da un'esigenza di un collegamento di buon livello, esigenza che, per alcune aziende o per professionisti, potrebbe essere di capitale importanza. Inoltre, i provider si differenziano ulteriormente per altri servizi aggiuntivi offerti (caselle di posta elettronica, supporto ad un sito del cliente, e così via).

In generale, quindi, non esistono regole certe per la scelta del provider, soprattutto per i neofiti che non possono prevedere con precisione come utilizzeranno le risorse disponibili. Va anche rilevato che il mercato dei fornitori di accesso è analogo a quello della telefonia mobile in cui la sovrabbondanza di profili tariffari sta addirittura creando confusione negli Utenti. L'analogia si estende anche all'incapacità di valutare il servizio con una certa sicurezza (chi è in grado, quando il telefonino dà occupato, di stabilire se ciò avviene perché il chiamato è effettivamente occupato o perché le linee sono sovraccariche?). C'è però una differenza sostanziale: nel caso del telefono si ha un'idea abbastanza precisa dell'uso che si farà del servizio (quali numeri si chiameranno più spesso, in quali ore del giorno, e così via). Con il telefono dunque si è in grado di decidere con una certa cognizione di causa quale profilo tariffario è più conveniente.

Per quanto riguarda gli Internet provider, invece, la situazione è più complessa. In questo caso, infatti, l'uso delle risorse dipende abbastanza fortemente dal tipo di risorsa utilizzata. Per esempio, chi usa principalmente la posta elettronica non troverà grossi vantaggi nei collegamenti superveloci mentre apprezzerà l'affidabilità del servizio (cioè il fatto che le macchine di quel provider abbiano un sistema di posta robusto) o magari il numero di caselle di posta che un provider fornisce in franchigia. Viceversa, i grandi "navigatori" apprezzeranno i collegamenti veloci, magari accontentandosi di un solo indirizzo di posta elettronica. In sintesi, il suggerimento migliore per il nuovo Utente di Internet potrebbe quindi essere quello di investire in un abbonamento con un certo numero di servizi aggiuntivi, spendendo una cifra nella media di quelle che il mercato offre, riproponendosi di analizzare la situazione di nuovo in prossimità della scadenza del primo abbonamento. In questa fase, i suggerimenti e le esperienze di amici e colleghi, soprattutto se potenzialmente affini dal punto di vista dell'uso delle risorse della Rete, sarà insostituibile.

3.3 Le password e la sicurezza

Scelto il fornitore di accesso, è necessario configurare il proprio calcolatore per la connessione alla Rete. Questa procedura, che dipende dalla piattaforma (computer + sistema operativo), è ormai quasi completamente automatizzata. Se si incontrano problemi in questa fase, è buona norma fare riferimento a qualche (vero) esperto del settore. Con il sistema operativo Windows, per esempio, la configurazione può richiedere piccoli adattamenti che, anche se vanno eseguiti una volta per tutte, sarebbe opportuno lasciare nelle mani di un esperto.

Per chi dovesse acquistare una macchina nuova per il collegamento alla Rete, potrebbe essere una buona idea quella di far configurare direttamente la macchina dal venditore.

La procedura di configurazione prevede che all'Utente sia assegnato un identificativo (**User ID**, che di solito questo viene generato automaticamente dal provider) e una parola d'ordine (**password**, anch'essa di solito assegnata automaticamente). Questo è il modo che il fornitore usa per assicurarsi che l'accesso sia effettivamente stabilito da chi ha sottoscritto il contratto. In dipendenza da come si usa il proprio calcolatore, può essere possibile fare in modo che la password venga richiesta ogni volta che ci si collega: questa operazione, apparentemente fastidiosa, potrebbe essere un metodo efficace per impedire l'accesso ad Internet da parte di chi non ne ha diritto (ad esempio, volendo evitare che in assenza del genitore i figli accedano alla Rete). *User e password*

La password fornita dal provider è quella che permette l'effettivo collegamento con la Rete Internet. Una volta collegati si hanno a disposizione numerosi servizi e alcuni di questi sono a loro volta protetti da password. Il primo e più importante di questi servizi protetti è la posta elettronica di cui si parlerà nel capitolo 4. Per ora, basterà segnalare che le password *Password per il collegamento e password e per altri servizi* di questi servizi non hanno nulla a che vedere con quella di collegamento. Se la Rete fosse una casa, la password di collegamento corrisponderebbe alla chiave della porta di ingresso. Una volta entrati, molte cose sarebbero a disposizione liberamente, ma per alcune (quelle chiuse in alcuni cassetti) occorrerebbero le singole chiavi.

Come scegliere
la password

Le password devono essere scelte con attenzione. Usare come password il nome della propria moglie o marito (o la loro data di nascita) non è cosa molto brillante, perché un malintenzionato ci arriverebbe abbastanza facilmente. Per trovare password sicure esiste una regola brillante ed efficace: scegliere come password le iniziali di una frase che si ricorda facilmente. Ad esempio dal proverbio "A caval donato non si guarda in bocca" si ricava la password "acdnsgib" che risulta incomprensibile a chi non conosca il proverbio; sostituendo al posto del proverbio frasi su argomenti molto personali come "il nonno era nato a Marsala" o "la zia si è sposata due volte" si ottengono password abbastanza sicure e facili da ricordare!

La password è un'informazione che permette di identificare l'Utente e, di conseguenza, di associare ad ogni azione un "responsabile". Per motivi di pubblica sicurezza, tutti i collegamenti che vengono effettuati tra le macchine collegate in Internet vengono registrati dai fornitori di accesso, analogamente a quanto succede per le telefonate e per i pagamenti effettuati con le varie carte di credito e debito. L'accesso a questi dati è possibile solo in casi rarissimi (inchieste giudiziarie).

Un "grande
fratello"?

Per quanto riguarda il telefono la cosa è ben nota e non ha suscitato polemiche. Sulla Rete, invece, qualcuno si è preoccupato e ha evocato i fantasmi del "grande fratello" di orwelliana memoria.

Tali preoccupazioni sono abbastanza ingiustificate, esattamente come non ci si preoccupa di usare il telefono dicendo (quasi) sempre quello che si vuole. La possibilità che ci sia un effettivo controllo sull'uso che si fa delle risorse della Rete è abbastanza remota, in primo luogo perché tali informazioni non sono facilmente utilizzabili e in secondo luogo per la grande massa di collegamenti che rende il singolo collegamento di fatto invisibile per chi non vuole esercitare un controllo mirato. Viceversa, è sorprendente che molti non si pongano tali problemi quando forniscono ad altre organizzazioni i propri dati con la massima tranquillità. Ad esempio, quando si usano nei supermercati le "carte sconto" che registrano in modo fedele che il cliente Mario Rossi ha acquistato il 22/3/97 una bottiglia di vino rosso.

Sicurezza e privacy
sulla Rete

Il problema della libertà di azione sulla Rete Internet è oggi apertissimo. Poiché la libera circolazione delle persone e del loro pensiero deve essere garantita sopra ogni altra cosa, è ragionevole pensare che la Rete sostituirà solo alcuni aspetti della vita di relazione e non quelli in cui la possibilità di agire senza essere identificati è fondamentale. Del resto l'esperienza insegna che è la Rete stessa a difendersi dalle intrusioni indebite. Nella primavera del 1999 è stato annunciato che l'ultimo modello di microprocessore della famiglia Pentium contiene un numero seriale univoco e che il nuovo sistema operativo Windows 2000 avrebbe permesso la trasmissione di questo codice all'esterno senza il preventivo consenso del proprietario. In questo modo, durante il collegamento in Rete sarebbe possibile addirittura identificare la macchina dell'Utente. La notizia, che la Rete stessa ha fatto circolare e adeguatamente commentato, ha fatto scalpore, l'unica replica di Microsoft essendo l'ammissione che se una tale caratteristica è effettivamente attivata si tratta di un errore di programmazione da parte di Microsoft stessa.

Come si è detto nel precedente capitolo, le informazioni, quando viaggiano dal mittente al destinatario, non seguono un percorso prestabilito. Inoltre, non bisogna dimenticare che i computer della Rete, come quelli che si usano quotidianamente, non sono macchine perfette e, quando hanno malfunzionamenti, anche di minima entità, non è sempre possibile evitare errori. Le conseguenze di tali errori potrebbero in alcuni casi essere spiacevoli. È possibile, per esempio, che qualche pagina Web sia vista anche da chi non doveva per un semplice errore della macchina; oppure può succedere che un messaggio, per un banale errore di digitazione, finisca in un computer diverso da quello del destinatario. Questi errori sono rarissimi, ma non bisogna ignorarne l'esistenza. Si rimanda all'esempio descritto nel paragrafo 4 (⇨p. 35) per la discussione di un caso reale in cui un errore di questo genere si è verificato e delle sue conseguenze.

Se tutte le fasi dell'installazione si sono concluse con successo, il calcolatore può collegarsi alla Rete ed accedere alle sue numerose risorse. Per utilizzare tali risorse si usano dei programmi specifici, di solito diversi a seconda del tipo di risorsa utilizzata. Questi programmi rendono invisibili tutte le procedure di collegamento e mostrano all'Utente solo gli effetti, cioè le informazioni richieste. I singoli programmi verranno presentati nel capitolo 4 (⇨p. 35), dove saranno anche discusse le loro particolarità. In questa sezione di carattere generale, bisogna solo osservare che le ultime versioni di questi programmi fanno un uso spesso sconsiderato delle risorse del sistema e richiedono, per il loro funzionamento, calcolatori dell'ultima generazione.

Si parte!

La scelta
degli strumenti:
tra lusinghe
del marketing
ed innovazoni
veramente efficaci

Questa situazione è comune a molti prodotti dei settori nei quali si verificano rapidi progressi tecnologici, non solo nell'ambito della Rete e della cosiddetta Information Technology. Alcune grandi aziende, soprattutto quando detengono posizioni di mercato privilegiate, condizionano l'Utente con vari metodi di persuasione per convincerlo dei meravigliosi vantaggi che ricaverà dall'ultima versione di un programma che, per funzionare, necessita dell'ultimo computer che, a sua volta, permette l'utilizzo di un altro programma più nuovo, eventualmente grazie alla sua possibilità di gestire un dispositivo di nuovo tipo. In tal modo si possono creare "situazioni di dipendenza da innovazioni" che comportano spese non trascurabili e possono portare all'abbandono di apparecchiature ancora in grado di svolgere egregiamente certi compiti. È necessario che ogni Utente sappia valutare attentamente i reali vantaggi che presentano le innovazioni che il mercato propone: evidentemente le aziende puntano ad aumentare il proprio profitto, cosa che tra l'altro è indispensabile per poter proseguire nello sviluppo di prodotti innovativi e quindi riuscire a rimanere in un mercato terribilmente competitivo; in genere una innovazione dà qualche beneficio, ma può comportare oneri indiretti; ogni rinnovo degli strumenti informatici richiede quindi una attenta valutazione complessiva degli effettivi costi e benefici, ed anche una previsione di quali altri miglioramenti si potranno verificare nelle offerte che arriveranno sul mercato nel giro di sei mesi o un anno.

Per finire, vale la pena notare che, per ogni programma sostenuto commercialmente, la Rete mette a disposizione a costi molto inferiori (se non completamente gratuiti) un programma equivalente e, talora, di qualità superiore. Il maggiore difetto di questi programmi è di non essere adeguatamente pubblicizzati e quindi chi non ha una certa esperienza spesso non ne conosce nemmeno l'esistenza. Sembra quasi superfluo sottolineare che, soprattutto in ambienti come la scuola pubblica in cui non ci dovrebbero essere preferenze per questo o quel marchio o azienda e in cui le condizioni economiche sono un fattore molto condizionante delle scelte operative, tali prodotti dovrebbero essere presi in considerazione con molta attenzione. Occorre anche aggiungere che oggi, utilizzando opportunamente la Rete (cosa peraltro non facile) si possono avere informazioni più ampie e più critiche su vari prodotti e primariamente sui prodotti per la Rete stessa. In particolare i docenti attraverso Internet possono farsi una migliore consapevolezza dei vantaggi complessivi e degli oneri delle varie possibilità di sviluppo degli strumenti hardware e software. Per questo può essere molto utile la consultazione di siti nei quali queste questioni vengono dibattute nel capitolo 5 (⇨p. 67).

In sintesi

Il collegamento alla Rete Internet richiede l'accesso ad una linea telefonica, un modem e un abbonamento con un provider. Sono stati illustrati diversi criteri per orientare al meglio la scelta di questi tre elementi essenziali. Nella seconda parte sono state esposte brevemente alcune questioni riguardanti la sicurezza dei calcolatori e della Rete in particolare, con qualche cenno al ruolo che i docenti possono avere nella gestione delle risorse informatiche della scuola.

Le risorse di Rete

F. Iozzi

4.1 La posta elettronica e le liste di discussione

4.1.1 La posta elettronica

Il modo di comunicare più usato sulla Rete Internet è senza dubbio la posta elettronica. La posta elettronica (in inglese electronic mail o, brevemente, e-mail) ha rivoluzionato il modo di lavorare delle persone del mondo occidentale (l'unico nel quale la Rete sia diffusa capillarmente). Da alcuni anni, questa rivoluzione ha toccato anche il mondo della scuola: oggi, quasi tutte le scuole hanno un indirizzo di posta elettronica e anche molti studenti, fin dalle scuole medie, iniziano ad usarla abbastanza regolarmente.

La posta elettronica è talmente importante che in tutte le offerte di accesso alla Rete è sempre incluso almeno un indirizzo di posta elettronica. Un indirizzo di posta elettronica è formato da due parti, separate dal carattere @. La prima parte identifica l'Utente mentre la seconda identifica il calcolatore del provider. Ad esempio, nell'indirizzo `pristem@uni-bocconi.it`, pristem è il nome dell'Utente e uni-bocconi.it è quello che identifica il computer (in questo caso quello dell'Università

Come è fatto
un indirizzo di posta

@

Bocconi). Quando si sottoscrive un abbonamento alla Rete, la seconda parte del nome è invariabilmente assegnata dal provider. Per la prima, invece, vi sono due alternative: il provider assegna automaticamente un nome (di solito composto con alcune lettere del nome e del cognome del sottoscrittore) oppure è l'Utente che può scegliere un nome a patto che esso sia unico nell'ambito dei nomi del provider. Tutte le altre informazioni necessarie per la configurazione del programma vengono fornite dal provider. La configurazione del programma è un'operazione breve ma può rivelarsi delicata a seconda dei provider e dei programmi: come al solito, conviene affidarsi ad un amico "esperto".

Il software per la gestione della posta

I programmi che gestiscono la posta elettronica si chiamano **client**, perché svolgono il ruolo di clienti di un "fornitore" di informazioni che è il computer del provider. Il meccanismo con cui funziona la posta elettronica è semplice ed è analogo a quello delle caselle postali ordinarie. I titolari di casella postale ricevono la posta presso un ufficio postale. L'ufficio conserva la posta finché il titolare non passa per ritirarla e, eventualmente, per spedirne di nuova. L'ufficio postale garantisce che il servizio sarà sempre attivo (cioè riceverà la posta tutti i giorni a tutte le ore), mentre l'Utente potrà passare a ritirare e inviare la posta solo quando gli sarà comodo. La posta elettronica funziona nello stesso modo. Il ruolo degli uffici postali è svolto dai computer dei vari provider che sono sempre collegati alla Rete. Quando l'Utente si collega da casa, controlla se c'è posta, eventualmente la scarica sul proprio computer, manda i messaggi che intendeva inviare e chiude il collegamento. Agli Utenti spetta solo il compito di controllare la casella, collegandosi quando necessario.

La funzione dei programmi client

I client di posta sono programmi abbastanza evoluti e, oltre alle funzioni di controllo e/o invio della posta, svolgono anche altri compiti ausiliari molto utili. Per esempio, essi permettono di ordinare i messaggi cronologicamente, gestiscono una rubrica di indirizzi, ricercano informazioni particolari tra i messaggi ricevuti e inviati, e così via. Inoltre, poiché la posta elettronica è un servizio ad accesso protetto da password, essi permettono anche di memorizzare la password in modo che l'Utente non debba inserirla ogni volta che controlla la posta. Si tratta di una comodità ma ha indubbiamente un risvolto negativo. Se al calcolatore ha accesso anche un'altra persona essa sarà in grado di fare tutte le operazioni che il titolare può fare: leggere la posta, inviarne di nuova, e così via. In alcune situazioni, quindi, sarà opportuno disabilitare tale caratteristica.

Esistono numerosi programmi di posta elettronica sul mercato e alcuni (**Eudora, Pegasus**) sono addirittura gratuiti (almeno nelle versioni di base, meno ricche di prestazioni). Ogni programma, naturalmente, ha i suoi comandi e questi possono differire dall'uno all'altro programma; le differenze, peraltro, riguardano elementi formali e prestazioni di dettaglio. Nel seguito, quindi, non si farà riferimento ad un client specifico ma alle funzioni principali che sono presenti in tutti i programmi di posta elettronica più diffusi.

4.1.2 Come si invia la posta elettronica

Per inviare un messaggio bisogna innanzi tutto conoscere l'indirizzo del destinatario. Nella posta elettronica si può inviare un messaggio anche a più destinatari: basta includere tutti gli indirizzi che si vuole nello spazio del destinatario, separandoli con una virgola. Ognuno dei destinatari riceverà una copia del messaggio e leggerà anche nomi ed indirizzi degli altri destinatari.

Ogni messaggio ha un **oggetto**, cioè un'indicazione di contenuto, una specie di titolo detto subject. Anche se questa voce non è necessaria è consigliabile riassumere sempre l'argomento del messaggio nel titolo (per lo stesso motivo per cui, nelle lettere di lavoro, è utile scrivere nell'intestazione l'oggetto della comunicazione): chi riceve i messaggi, infatti, vede per prima cosa proprio l'oggetto del messaggio e, se questo è abbastanza esplicito, può dedicare al messaggio l'attenzione che esso merita. In caso contrario un destinatario che viene bersagliato da messaggi di scarso interesse (questo fenomeno è oggi assai diffuso e fastidioso) potrebbe aver deciso di cancellare tutti i messaggi privi di oggetto.

Identificare sempre il contenuto

Come nella posta ordinaria, anche nella posta elettronica è possibile mandare le copie per conoscenza dei messaggi. I client hanno uno spazio specifico (di solito indicato con (Cc, **carbon copy**) nel quale si può inserire l'indirizzo del destinatario (o dei destinatari) a cui è destinata la copia. Anche in questo caso, tutti, destinatari dell'originale e delle copie, ricevono il messaggio e possono leggere nell'intestazione tutti i destinatari primari ed i destinatari delle copie per conoscenza.

Le copie per conoscenza

C'è un'altro spazio di solito indicato con Bcc (**blind carbon copy**) che rappresenta una piccola variazione alla copia per conoscenza. Ogni destinatario di una copia Bcc riceve il messaggio, ma nessuno degli altri, escluso ovviamente il mittente, è in grado di saperlo. La casella Bcc si usa quando si vuole mettere un'altra persona a conoscenza di un messaggio ma non si vuole che il destinatario del messaggio sappia che ciò è avvenuto. Per esempio, un docente potrebbe rispondere ad uno studente inviando la risposta in Bcc al dirigente scolasti-

Le copie confidenziali (blind carbon copy)

co. In questo modo quest'ultimo sarà informato sul dialogo intercorso senza che lo studente ne sia venuto a conoscenza.

4.1.3 Come si risponde alla posta elettronica

Le procedure di risposta sono estremamente semplificate perché il sistema della posta elettronica include in ogni messaggio i nomi e gli indirizzi del mittente e del destinatario. Pertanto, per rispondere ad un messaggio ricevuto basterà dare il comando di "risposta" al proprio client perché questo prepari un nuovo messaggio con mittente e destinatario invertiti rispetto al messaggio originale. A questo punto, non rimane altro che scrivere il testo del messaggio. Molti client riportano automaticamente nel corpo della risposta le frasi del messaggio in arrivo. Questa procedura è comoda quando nel messaggio in arrivo sono state poste diverse questioni e ad esse si vuole rispondere punto per punto. Tuttavia la citazione non è sempre necessaria e si dovrebbe sempre evitare di farla quando non serve.

La risposta

La posta elettronica permette, quando si riceve un messaggio di cui non si è il solo destinatario, di rispondere al mittente (reply) e/o a tutti gli altri (reply all), cioè al mittente e agli altri destinatari. Questa caratteristica è molto utile quando più persone devono dialogare a distanza. Supponiamo che A spedisca un messaggio a B, C e D. Se D risponde con un reply all, il suo messaggio verrà automaticamente inviato ad A, B e C. Se si prosegue in questo modo, tutti leggono i messaggi intercorsi nel gruppo e rimangono aggiornati sullo stato della discussione.

Ma il messaggio è arrivato?

Come si fa ad essere sicuri che un messaggio inviato sia effettivamente giunto a destinazione? La risposta è: non si può esserne sicuri, se non per esplicita conferma del ricevente. Nella posta elettronica, in sostanza, non esiste l'avviso di ricevimento. Ma la possibilità di un malfunzionamento non fornisce un buon alibi perché i sistemi che gestiscono la posta elettronica sono ormai affidabilissimi. Inoltre, la posta elettronica segnala all'Utente gli eventuali malfunzionamenti della Rete. Se per esempio ci sono dei problemi nella connessione, viene inviato un messaggio particolare al mittente in cui si segnalano i disguidi incontrati. Questi sono in genere di due tipi: il primo (Utente sconosciuto o dominio sconosciuto) corrisponde al fatto che il calcolatore mittente non ha trovato l'Utente specificato sulla macchina destinataria o che, addirittura, non ha trovato la macchina stessa. Di solito questo errore si verifica perché l'indirizzo è stato digitato male. Il secondo è provocato dal fatto che il calcolatore mittente ha sì trovato la macchina destinataria del messaggio, ma questa non ha risposto alla chia-

mata. Questo avviene, per esempio, quando i calcolatori sono
in manutenzione e per alcune ore vengono staccati dalla Rete.
In una buona organizzazione, chi scollega una macchina per
manutenzione, ne collega provvisoriamente un'altra dalla quale scaricherà i dati al momento opportuno (in tal caso i messaggi arriveranno ai destinatari con un certo ritardo); inoltre le
macchine mittenti, continuano a ripetere il tentativo di trasmissione per un certo tempo (ad esempio 5 giorni). Trascorso
questo tempo, solo se la trasmissione è definitivamente fallita,
viene inviato al mittente un altro messaggio in cui si dice che
il messaggio non è giunto a destinazione. L'unico difetto di
questa procedura è che i messaggi di errore sono di solito ge-
nerati automaticamente dai calcolatori e sono in inglese e poco comprensibili. In questo caso, conviene inviare il messaggio
in forward (vedi più sotto) ad un amico esperto che chiarirà
ogni dubbio. Essendo a conoscenza di questo fatto, chi usa la
posta elettronica sa quanto è utile rispondere al mittente con-
fermando l'avvenuta ricezione. Per esempio, se ci si sta mettendo d'accordo per un appuntamento importante, converrà
confermare l'ora e il luogo, tranquillizzando l'interlocutore.

Come per la posta ordinaria, può succedere che un mes-   Il reindirizzamento
saggio che è stato inviato ad una persona sia in realtà indirizzato ad un'altra. Ad esempio, ad un docente di una scuola potrebbe arrivare una richiesta di informazioni per l'iscrizione di
uno studente. Tali informazioni vanno ovviamente richieste alla segreteria. La posta elettronica ha una brillante soluzione a
questo problema: il reindirizzamento (redirect). Con questa
operazione il messaggio viene reindirizzato ad un nuovo destinatario (la segreteria) e questo lo riceverà come se fosse stato spedito dal mittente originale (lo studente). L'unica traccia
del percorso seguito sarà inclusa nell'intestazione del messaggio che riporterà un'indicazione come "proveniente da..." o
"per mezzo di..." o i loro equivalenti inglesi.

In altri casi, invece, una persona vuole mettere a conoscenza un'altra persona di un messaggio che le è pervenuto.   L'inoltro
Ad esempio, il dirigente scolastico riceve un messaggio dal
provveditorato agli studi riguardante una determinata materia
e vuole che i docenti di tale materia ne vengano a conoscenza. In questo caso si inoltrerà (forward) il messaggio all'altro
Utente. Il forward crea una copia del messaggio e la invia ai destinatari scelti in modo che, a differenza del redirect, il mittente risulti essere il primo ricevente (il dirigente scolastico). In
un certo senso, il forward equivale all'invio di una fotocopia
del messaggio ad una o più altre persone.

4.1.4 Lo stile dei messaggi

La posta elettronica è di gran lunga lo strumento più utilizzato sulla Rete. Essa usa un protocollo povero, nel senso che le modalità di collegamento e i tipi di messaggi supportati sono relativamente pochi. A fronte di questa essenzialità, la posta elettronica offre praticamente uno strumento di comunicazione universale, rapido ed efficiente. Bisogna comprendere a fondo queste caratteristiche per avere un'idea di come risulti opportuno scrivere un messaggio di posta.

È necessario essere sempre sintetici

In primo luogo, i messaggi di posta dovrebbero essere sempre abbastanza sintetici, proprio perchè lo stile della posta è asciutto ed essenziale. I messaggi lunghi si traducono in minuti che l'Utente trascorre davanti al calcolatore in attesa che la posta venga scaricata e, in ogni caso, la lettura sul monitor del calcolatore non è mai agevole. Inoltre, bisogna firmare sempre il messaggio indicando altri propri recapiti (ad esempio, il numero telefonico) in modo che la persona con cui si è stabilito il contatto sappia come raggiungerci anche senza servirsi a sua volta dell'e-mail.

Ortografia e caratteri ASCII

Il protocollo della posta, essendo stato definito negli Stati Uniti, non accetta facilmente alcuni caratteri particolari che non fanno parte della lingua inglese come, ad esempio, gli accenti della lingua italiana. L'introduzione di tali caratteri in un messaggio può provocare addirittura il blocco di una casella di posta elettronica. Nel migliore dei casi, il messaggio risulta poco comprensibile e infastidisce il destinatario che si trova a 'interpretare' ciò che il mittente aveva scritto. Pertanto, è necessario che gli Utenti della posta non usino caratteri diversi dai cosiddetti **ASCII di base** (i caratteri accettati sono riportati in appendice), sostituendoli con altri accettati (per esempio sostituendo una lettera accentata con lettera ed apostrofo).

Chi usa la posta correntemente sa che i messaggi di posta sono scritti spesso di fretta, e da persone che non hanno grande confidenza con la tastiera del calcolatore. Per questo motivo, gli errori di stampa nei messaggi sono frequenti e non bisogna dar loro peso eccessivo. A questo punto si capisce che la posta elettronica non è il luogo in cui far crescere la passione per le belle lettere; d'altro canto in questo modo si raggiunge l'obiettivo di mettere in comunicazione con grande tempestività persone distanti nello spazio e nel tempo. I benefici sono quasi sempre molto superiori ai costi sostenuti.

Un sano comportamento tacitiano dell'Utente potrebbe però essere vanificato dal programma che viene usato per gestire la posta.

Purtroppo, alcuni programmi tendono ad allontanarsi dall'uso delle prestazioni minime, cioè le più economiche e riempiono i messaggi con altre informazioni, spesso superflue, senza che all'Utente venga richiesto se farlo o meno. L'obiettivo di questi meccanismi è presto spiegato. Per leggere i messaggi "arricchiti" sono necessari i programmi di ultima generazione. Gli Utenti diventano così inconsapevoli agenti pubblicitari di tali programmi. Infatti, inviando i messaggi "arricchiti" ai loro interlocutori li costringono a procurarsi programmi analoghi dando l'inzio ad un effetto di dipendenza analogo a quello di cui si è detto alla fine del capitolo 3 (⇨p. 36). Per fortuna, in molti programmi è possibile inviare il messaggio come solo testo (i soli caratteri del messaggio senza alcuna informazione aggiuntiva).

Servono client di ultima generazione?

Occorre osservare che gli arricchimenti alla posta elettronica sopra accennati potrebbero anche essere molto utili: potrebbe essere necessario trasmettere messaggi con caratteri particolari, con aspetto tipografico evoluto, muniti di schemi e figure, o, addirittura, di parlato, di musica, di animazioni, e così via. In effetti l'industria sta offrendo molte di queste possibilità. Anche di fronte a queste innovazioni, occorre capire quali sono i costi reali e quali i reali benefici.

Anche se gli autori non hanno "sciacquato i panni in Arno", bisogna spendere qualche parola sullo stile della comunicazione da usare nei messaggi di posta elettronica. Forse proprio per le origini anglosassoni di Internet, è abbastanza frequente l'uso del 'tu' negli scambi di messaggi, anche quando gli interlocutori non si conoscono. Tale comportamento, anche se estraneo alla lingua italiana, è ormai completamente accettato e non crea più problemi. Resta il fatto che, comunque, un messaggio di posta elettronica è uno scritto e, come sanno bene gli scrittori, è difficile scrivere in modo da dire esattamente quello che si ha intenzione di dire. Il destinatario non avrà altro che le parole del mittente per capire il testo e ogni tanto succede che frasi ironiche nelle intenzioni dello scrivente siano state intese come offensive dal lettore. Un piccolo rimedio a questo limite della comunicazione elettronica è fornito dai cosiddetti **smiley**, le faccette che si possono 'disegnare' con la tastiera e che rendono spesso più comprensibile il senso di alcune frasi. In ogni caso, la regola d'oro è quella di essere sempre prudenti con le persone che non si conoscono a fondo perché non si sa come potrebbero reagire di fronte ad un malinteso. Il buon senso dovrebbe continuare ad avere spazio anche nel mondo della comunicazione elettronica.

Lo stile dei messaggi

Fino a poco tempo fa, fino a quando cioè la posta elettronica era utilizzata solo nelle università, le osservazioni sopra descritte erano "saggezza popolare", tramandata oralmente o imparata per esperienza diretta. Oggi, anche se molti libri, compreso questo, danno dei suggerimenti su come utilizzare la posta, il valore dell'esperienza è rimasto intatto e quindi la prima cosa da fare è quella di sedersi davanti al calcolatore e provare ad usare gli strumenti senza avere paura di sbagliare.

L'esperienza personale in classe

Questo invito è personale e non va confuso con l'invito a provare "a briglia sciolta" l'introduzione delle tecnologie informatiche nella scuola. Dovrebbe essere evidente che prima sta l'esperienza personale del docente e poi il trasferimento delle proprie conoscenze e delle modalità di lavoro in classe. Bisogna evitare che, travolti dall'ondata della multimedialità nella scuola, i docenti ansiosi di portare la Rete nelle classi rinuncino ad un adeguato periodo di autoaddestramento. L'esperienza mostra che il rischio di essere sorpresi dalle conoscenze delle giovani generazioni esiste ed è tutt'altro che trascurabile.

Sia chiaro: tutto il mondo è impreparato alla rivoluzione informatico-telematica. Anche nella scuola, in mancanza di meglio, sono stati ripetuti i modelli di aggiornamento collaudati e che andavano benissimo per chi avesse voluto inserire, nel proprio schema mentale, altre conoscenze addizionali. In realtà, non si tratta in questo caso di imparare un nuovo teorema, un nuovo romanzo, una nuova parola. Le tecnologie non hanno, se non per chi studia informatica o elettronica, un contenuto in sé, ma sono dei contenitori e dei trasmettitori. Il cambiamento è radicale proprio perché è nel mezzo di comunicazione e non nel contenuto. Per fare un'analogia, non si tratta per un automobilista di imparare a guidare un'altra automobile con i comandi un po' diversi ma di imparare a guidare una motocicletta o, meglio, un aeroplano. Si capisce così perché i "vecchi" dell'informatica, anche se non aggiornatissimi sulle ultime evoluzioni, abbiano spesso le idee molto più chiare dei giovani, la differenza essendo dovuta proprio all'esperienza. Tante regole nuove, quindi, ma una in particolare: poggiare le proprie convinzioni sulle solide basi dell'esperienza prima di parlare davanti ad una classe. L'uso che le giovani generazioni faranno di questi strumenti dipende essenzialmente da ciò che i docenti sapranno trasmettere loro nel periodo scolastico.

Come adattarsi al cambiamento

4.1.5 Gli allegati

Come si è già detto, il protocollo che gestisce la posta è il più semplice possibile. Questo fatto ha un risvolto negativo. Se si vuole usare la posta per trasferire un documento di un elaboratore di testi o un foglio elettronico bisogna farlo creando un allegato (**attachment**). In pratica, questa operazione si riduce

all'indicazione al destinatario del nome del documento da allegare. Dietro le quinte il documento viene "tradotto" in modo
da renderlo compatibile con il protocollo della posta; si tenga
conto che in questa fase le dimensioni del documento aumen-
tano di un fattore 4/3. Nel considerare l'invio di un allegato,
comunque, si tenga sempre presente il fatto che il sistema di
posta non è nato per inviare allegati ma solo messaggi di testo.
L'invio di allegati, quindi, è sempre un'operazione in un certo
senso straordinaria.

Mandare gli allegati, quindi, è molto facile ma bisogna te- *Allegare*
nere presente alcune semplici regole di buon senso. In primo *con parsimonia*
luogo, non bisogna inviare gli allegati senza che questi siano
stati effettivamente richiesti dal destinatario. Non bisogna
comportarsi come chi fa una fotocopia in più per un amico
perché "non si sa mai". Gli allegati, infatti, vengono parcheg-
giati insieme con la posta in attesa di essere scaricata e lo spazio di transito che ogni provider assegna ad un abbonato è limitato. Occuparlo inutilmente potrebbe provocare malfunzionamenti della casella di posta del ricevente. Inoltre, poiché
non è possibile interrompere lo scaricamento della posta durante il suo svolgimento, chi si collega per ricevere la posta si
potrebbe ritrovare con la spiacevole sorpresa di dover ricevere un allegato magari indesiderato e fastidioso, prolungando
l'attesa dei minuti necessari per lo scaricamento (con beneficio della sola compagnia telefonica che incrementa il traffico).
Infine, è assolutamente da evitare l'invio per posta di informazioni che sono comunque accessibili a chiunque sia collegato
in Internet (ad esempio, pagine Web). Spesso capita di ricevere messaggi del tipo: "Ho trovato queste cose interessanti sul
tale sito, .." con, in allegato, le pagine presunte scaricate da un
sito Web. Si tratta di uno spreco di risorse ingiustificato: in questo caso (e in altri analoghi) si deve invece scrivere: "Se vi interessano queste cose, le trovate al tale sito. .." indicando con
precisione solo l'indirizzo necessario per consultare le informazioni.

4.1.6 Sicurezza e privacy nella posta elettronica

Conviene iniziare questo paragrafo con un aneddoto. Qualche
anno fa, uno degli autori ricevette un messaggio da un collega
dell'università con la seguente intestazione: "Fabrizio, credo
che questo sia per te. Dacci un'occhiata per favore. Ciao,
Stefano.". Che cosa era successo? Una persona aveva inviato un
messaggio a Fabrizio Iozzi ma aveva digitato male il nome nel-
l'indirizzo e-mail. Poiché quindi la parte dell'indirizzo che si ri-
feriva alla macchina era corretta, il messaggio venne inviato fi-

no al computer dell'università. Qui, non essendo stato trovato nessun nome corrispondente all'indirizzo riportato, il messaggio era stato fatto rimbalzare indietro al mittente con la probabile dicitura Utente sconosciuto. Tuttavia, per un meccanismo automatico che i sistemi di posta attivano in casi come questo, una copia del messaggio è stata inviata ai due gestori della posta elettronica dell'università, uno dei quali era, appunto, Stefano. Il meccanismo serve perché un errore nell'invio della posta potrebbe essere un sintomo di un malfunzionamento del sistema nel suo complesso e quindi è conveniente che ogni anomalia sia segnalata ai responsabili. Stefano lesse il messaggio e, dal contenuto e dall'errore nel nome del destinatario, capì che era indirizzato a Fabrizio Iozzi e gliene fece pervenire una copia. In quel caso, si trattò di un messaggio dal contenuto normale, ma che cosa sarebbe successo se quel messaggio avesse riportato, per esempio, delle osservazioni su altre persone dell'università o, addirittura, sullo stesso Stefano?

I "guardoni" della posta

È in occasioni come queste che si capisce che la posta elettronica non va usata nei sistemi informativi interni ad un organizzazione quando il messaggio da inviare è delicato. Sarebbe come se due impiegati parlassero male del proprio superiore attraverso il telefono dell'ufficio, con il rischio di essere ascoltati. Diversa è la situazione quando non sono coinvolti sistemi informativi chiusi. Se l'Utente **A**, abbonato con il provider **X**, scambia dei messaggi con l'Utente **B**, abbonato con il provider **Y**, si può stare sicuri che le loro comunicazioni non saranno oggetto di alcuna curiosità da parte di nessuno. Ciò nonostante, è comunque una buona regola evitare qualunque espressione forte nella posta elettronica, per quanto è stato detto nei paragrafi precedenti e per il semplice fatto che si tratta pur sempre di parola scritta e quindi difficilmente negabile in un momento successivo. I messaggi scritti dalle persone che hanno molta esperienza sulla Rete, l'ambiente nel quale si dovrebbero sviluppare importanti cooperazioni, sono quasi sempre molto moderati e sereni, comprensivi nei confronti degli errori di altri Utenti e, soprattutto, tendenti sempre a smorzare i toni delle eventuali discussioni che possono nascere.

Un'altra questione più seria dovrebbe preoccupare gli Utenti della posta elettronica: come si fa ad essere sicuri che il mittente del messaggio che si riceve è effettivamente chi dichiara di essere? La questione è di capitale importanza perché nel prossimo futuro la comunicazione elettronica soppianterà quella cartacea. Fino ad ora, per stabilire se un documento è originale ci si è basati su alcuni elementi che hanno senso solo sulla carta (il timbro, la firma). Per il momento, i messaggi elettronici non possiedono queste caratteristiche e diventa necessario stabilire dei criteri per garantire la provenienza dei messaggi. La risoluzione di questo problema è già stata trovata nella cosiddetta firma digitale, divenuta legge dello stato italiano negli anni scorsi e di cui nel 1999 è stato emanato il regolamento attuativo. Si tratta in sostanza di un meccanismo con il quale al messaggio originale si accodano alcuni caratteri, apparentemente incomprensibili, che però sono costruiti in modo tale da garantire con un ampio margine di sicurezza l'identificazione del mittente. Chi avesse intenzione di approfondire tali argomenti, anche dal punto di vista matematico, troverà nella bibliografia alcuni utili riferimenti.

La firma digitale

4.1.7 Le liste di discussione

La posta elettronica è anche lo strumento per la diffusione di circolari e per la creazione di gruppi di lavoro virtuali. Quando si vuole inviare un messaggio a più persone, come si è visto sopra, si possono mettere tutti gli indirizzi interessati nello spazio del destinatario e il sistema di posta provvede ad inviare il messaggio a tutti. Questo modo di fare si complica quando il gruppo di persone non è stabile. In questo caso, infatti, occorrerebbe ogni volta controllare nell'elenco chi è ancora presente, chi non lo è più e mantenere questo elenco aggiornato presso tutti gli interessati. Per gestire in modo efficiente queste situazioni, sono state inventate le liste di discussione o liste di distribuzione (in inglese mailing list). Quando si è iscritti ad una lista, per inviare un messaggio a tutti gli altri iscritti lo si invia ad un indirizzo comune detto "indirizzo della lista". Un particolare programma provvederà a distribuire il messaggio a tutti gli iscritti e gestirà automaticamente iscrizioni e cancellazioni. Anche le risposte ai messaggi dovranno essere indirizzate alla lista.

Come ci si iscrive ad una lista di discussione? Le procedure variano a seconda del programma che viene utilizzato per la gestione della lista, ma sono sempre molto semplici e prevedono, di solito, l'invio di un solo messaggio con alcune particolari caratteristiche. Ad iscrizione avvenuta, si riceve subito un messaggio di benvenuto. Questo messaggio di solito dà delle informazioni utili su come usare la lista e non va cancellato, almeno finché si rimane iscritti. Per cancellarsi dalla lista, è di solito sufficiente inviare un messaggio. Alcune liste sono aperte, nel senso che la procedura di iscrizione è libera ed automatica per tutti, mentre altre sono chiuse, e allora occorre richiedere a qualcuno di essere iscritti. Le liste possono essere moderate, nel senso che i messaggi inviati prima di essere distribuiti devono ricevere l'ok di un "supervisore". Questo suc-

Iscrizione ad una lista

cede soprattutto con le liste aperte, perché non conoscendo chi si iscrive non si può sapere che cosa potrà essere inviato alla lista stessa.

La lista di discussione è paragonabile ai servizi di bacheca elettronica descritti nel capitolo 2 (⇨p. 10), ma ha il pregio di uniformarsi agli standard della Rete Internet. Le liste sono uno strumento diffusissimo. Innanzi tutto ci sono le liste chiuse, che vengono usate come strumento per la comunicazione nei gruppi di lavoro più o meno grandi. Ad esempio, le liste sono lo strumento più utilizzato dai gestori della Rete Internet per discutere dei problemi della Rete stessa. Questo gruppo di lavoro, infatti, conta relativamente poche unità dislocate a distanze tali da rendere estremamente oneroso ogni incontro comune. Le liste offrono il supporto fondamentale alla discussione dei problemi che il gruppo continua ad affrontare anche oggi.

Poi ci sono le liste gestite da aziende e organizzazioni che servono per informare gli interessati delle loro iniziative o dei loro prodotti. Ad esempio, l'**AACE** (**Association for the Advancement of Computing in Education**) ha una lista con la quale informa gli interessati dei meeting e delle novità del settore. Alcune pubblicazioni hanno creato liste per informare gli interessati degli articoli che potranno trovare nel numero in edicola. In casi come questi, le liste funzionano solo in trasmissione ('broadcast') nel senso che chi gestisce la lista può solo trasmettere e non ricevere messaggi. Tali liste sono spesso di grande utilità perché evitano lunghe ricerche da farsi attraverso altri canali e costituiscono un ottimo canale informativo molto personalizzabile.

Infine, e sono la maggior parte, vi sono le liste pubbliche. Ce ne sono su moltissimi argomenti, anche i più impensabili. Nell'elenco dei motori di ricerca (⇨p. 67) saranno indicati alcuni modi per trovare quelle di interesse. Comunque, il modo migliore per vedere se una lista è veramente interessante è iscriversi, "stare alla finestra" per un po' (cioè leggere i messaggi che gli altri iscritti si inviano) e poi decidere se rimanere iscritti o cancellarsi. Se si rimane iscritti, però, è importante farsi sentire, perché, secondo il più puro spirito della Rete, le liste sono fatte per discutere, chiedere, rispondere e il proprio contributo non è mai trascurabile.

Gli autori hanno maturato una certa esperienza in questo settore e possono garantire che esso è potenzialmente efficacissimo. Nei fatti, però, si scopre che bisogna raggiungere una certa "massa critica" (un certo numero di iscritti che partecipano attivamente alla lista) perché lo scambio di idee, domande e risposte decolli e sia di effettiva utilità. In Italia, le liste di

I diversi tipi di liste

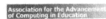
Association for the Advancement of Computing in Education

discussione hanno importanza limitata. Probabilmente, questo è dovuto al fatto che l'Italia attraversa ancora una fase iniziale dello sviluppo della Rete; alla luce dell'esperienza statunitense, è ragionevole pensare che anche da noi in breve tempo le liste si diffonderanno molto di più di quanto hanno fatto finora.

4.2. Il trasferimento dei file

4.2.1 Due altri protocolli di comunicazione: HTTP e FTP

La posta elettronica è forse il mezzo di comunicazione più rapido e semplice che sia disponibile sulla Rete Internet. Per usare la posta basta un calcolatore anche di limitate capacità ed un modem anche non velocissimo: i messaggi arrivano lo stesso e sono comunque comprensibili.

Tuttavia, gli Utenti hanno spesso bisogno di inviare, oltre ai semplici messaggi, anche documenti elaborati con fogli elettronici, word processor e in alcuni casi gli stessi programmi per elaborare i dati. In questo caso la posta elettronica non funziona in modo efficiente, perché per trasferire i messaggi deve codificarli in un particolare modo e così facendo ne aumenta le dimensioni.

Inoltre, nella posta elettronica la comunicazione è sempre differita. Non c'è un collegamento "diretto" tra gli Utenti della posta elettronica (così come non c'è un tale collegamento nella posta ordinaria: mittente e destinatario di una lettera non devono essere contemporaneamente nell'ufficio postale per inviare e ricevere messaggi). Invece, in qualche caso è conveniente o addirittura necessario che i due Utenti siano effettivamente collegati l'uno con l'altro (così come è necessario che due persone si incontrino o parlino per telefono). La Rete Internet usa due protocolli per gestire questi tipi di collegamenti: l'**HTTP (HyperText Transfer Protocol)** e l'**FTP (File Transfer Protocol)**.

Per accedere alle risorse disponibili tramite questi due protocolli si usa un unico programma: il browser. Questo termine merita una breve descrizione. Esso indica, nella lingua inglese, l'atto che si compie quando si guardano i libri in libreria o in biblioteca, leggendo i titoli, sfogliandone alcuni ed eventualmente prendendone in prestito (o comprandone). Sicuramente questa è una scelta lessicale particolarmente felice, perché, come si vedrà più avanti, tale termine decrive molto bene il tipo di attività che si compie quando si leggono le risorse della Rete con questo programma. In commercio esistono diversi browser; i più utilizzati sono Netscape Navigator e

Il browser

Il formato
degli indirizzi

Microsoft Internet Explorer. Essi differiscono per alcune caratteristiche ma le informazioni che daremo valgono per entrambi.

Per accedere alle risorse disponibili, ogni browser dispone
di una casella in cui si può inserire il nome del protocollo
(http o ftp) seguito dai segni :// e dall'indirizzo della risorsa
cercata. L'indirizzo è composto dal nome del computer con il
quale ci si vuole collegare (ad esempio www.uni-bocconi.it) e,
se necessario, dal nome completo del file (ad esempio
/Utenti/index.html). Nel caso in cui il nome del file manchi, il
computer che riceve la chiamata provvede a rispondere con
un file standard. Questo modo di indicare gli indirizzi delle risorse disponibili sulla Rete viene indicato con la sigla **URL
(Uniform Resource Locator)**. Gli indirizzi delle macchine
vengono chiamati (con una traduzione infelice dall'inglese ma
ormai entrata nell'uso comune) siti. I file a cui si accede di norma con il protocollo http si chiamano pagine. Abbiamo dato
queste semplici definizioni più che altro per abbreviare la descrizione nel seguito: in realtà non esiste una vera e propria definizione di questi oggetti perché essi sono difficilmente clas-
sificabili e perché la Rete Internet è talmente giovane da rendere tali classificazioni inefficaci. Detto questo, passiamo ad
esaminare più da vicino il primo dei due protocolli.

4.2.2 Il protocollo FTP

Il protocollo FTP è il più semplice mezzo per scaricare i file
che sono disponibili sulla Rete. L'unica condizione, banale, è
sapere dove essi sono collocati. Digitando un indirizzo di un sito FTP, ad esempio ftp://ftp.uni-bocconi.it compare sul browser un elenco di file analogo a quello che si può leggere quando si scorre il contenuto del proprio calcolatore. L'elenco è costituito da file veri e propri e da cartelle di file. Cliccando sopra i file si avvia la procedura di scaricamento; cliccando sopra
le cartelle si aprono quest'ultime e si accede così ad altri elenchi. La operazione di scaricamento si indica spesso con il suo
equivalente inglese: download.

Come scaricare
i file via FTP

La procedura di scaricamento è semplicissima: il browser
individua il tipo di file, se è possibile anche la sua lunghezza,
e chiede all'Utente la posizione in cui scaricarlo. A questo proposito, vogliamo dare un suggerimento: poiché lo scaricamen-
te di file dalla Rete Internet è un'attività che si ripete spesso
(ed è anzi uno dei motivi principali di successo della Rete), sarebbe utile che ogni Utente creasse all'interno del proprio
computer una cartella destinata a raccogliere questi file.
Successivamente, i file scaricati verranno utilizzati ma, in que-

sto modo, verrà conservata la versione originale per eventuali
nuove installazioni del software.

    Si è detto che l'accesso ad un sito FTP può avvenire in due
modi. Digitando semplicemente il nome della macchina
l'Utente può scorrere tutto il contenuto che è stato messo a disposizione scegliendo ciò che gli interessa. Di solito, però, questo modo di muoversi è poco efficace perché per conoscere
dove si trova un certo file bisognerebbe prima sapere come
sono state organizzate le informazioni sul disco stesso. Basta
confrontare l'organizzazione del proprio disco con quella dei
computer di alcuni amici per scoprire che, anche nell'informatica, quot homines tot sententiae. Per ovviare a questa difficoltà, gli indirizzi dei siti FTP vengono di solito forniti direttamente con i nomi completi dei file, come ad esempio in
ftp://ftp.uni-bocconi.it/pub/commutate/eudora/eul306.exe. In questo modo si accede direttamente al file di interesse (una versione di Eudora, un popolare client di posta elettronica).
L'Utente che inserisce questo indirizzo, non vede sul proprio
calcolatore un elenco di file e il browser inizia immediatamente la procedura di scaricamento del file.

Come si accede
adun sito FTP

    Di solito, quando si accede ad un sito FTP viene inviato un
messaggio di benvenuto che spiega chi è il proprietario del sito, quanti sono gli Utenti in quel momento collegati e altre
informazioni sulla natura e la collocazione dei file. Poiché ogni
computer collegato alla Rete può sostenere un numero limitato di collegamenti di tipo FTP il dato sul numero degli Utenti
è importante perché dà informazioni su quanto il sito è affollato in quel momento. Collegarsi ad un sito FTP che permette
30 connessioni contemporanee quando altri 27 Utenti sono
già collegati vuol dire garantirsi alcuni minuti di inutili attese
di fronte al calcolatore (e un costo non indifferente della telefonata). In qualche caso, le informazioni sono talmente interessanti che i siti sono quasi sempre affollati e allora non rimane altro che pazientare o sperare che il sito abbia un mirror
su di un altro sito, magari meno affollato di quello originale.

Caretteristiche
del collegamento

    In inglese mirror significa specchio. I **siti mirror** ricopia-
no fedelmente il contenuto dei siti originali, sono delle foto-
copie di questi ultimi. Essendo posizionati in locazioni più vicine e, presumibilmente, meno affollate degli originali, questi
siti offrono lo stesso servizio dei siti di cui sono copia, ma con
meno inconvenienti. Un mirror fornisce solitamente anche la
data della fotocopia e in alcuni casi l'aggiornamento dal sito
originale è addirittura istantaneo. Il vantaggio dei mirror è soprattutto legato alla particolare situazione in cui si trovano i siti più frequentati, soprattutto per gli Utenti europei. Poiché
molte risorse della Rete si trovano su computer collocati negli

I mirror

Stati Uniti, molti collegamenti cercano di usare i canali che attraversano l'oceano e questi, per ovvi motivi, sono pochi e molto affollati. Si dice che il collegamento Europa-Stati Uniti ha, sotto l'oceano, un collo di bottiglia, immagine suggestiva che raffigura le difficoltà al passaggio dei dati. Di norma, quindi, quando si può scegliere tra più possibilità, la scelta dovrebbe favorire un sito europeo.

FTP è meglio

Il trasferimento di file via FTP dovrebbe essere sempre preferito rispetto agli altri metodi che possono essere utilizzati (allegati di posta o trasferimento via http). Tuttavia, non sempre le organizzazioni che mettono a disposizione i file organizzano anche un sito FTP parallelo e allora non rimane altro che scaricare il file nei modi consentiti.

Il caricamento di un sito

Il collegamento FTP è un collegamento completamente simmetrico: ognuno dei due calcolatori collegati può sia trasmettere sia ricevere. L'operazione di caricamento su un altro computer si chiama **upload** (come si vede i termini sono sempre riferiti al computer che impartisce gli ordini). Nella pratica, però, mentre tutti possono scaricare dai server della Rete, solo poche persone possono caricare i propri file su tali server. Questa limitazione è necessaria perché un accesso incontrollato porterebbe rapidamente all'esaurimento dello spazio dei dischi dei computer. Inoltre, di solito sono le grosse organizzazioni che mettono a disposizione dei file e non i singoli (che comunque hanno a disposizione altri metodi).

L'accesso al server è sempre controllato

L'accesso ad un server FTP è sempre controllato. Anche quando sembra che non si inseriscano i propri dati, in realtà è il browser che, dietro le quinte, invia al sito un identificativo e una password. Nella quasi totalità dei casi, l'identificativo è anonimo e la password è costituita dall'indirizzo di posta elettronica dell'Utente che accede al sito. Come si intuisce, non si tratta di una procedura di filtro ma più propriamente di identificazione. Il sito e le sue risorse sono disponibili a tutti, purché gli Utenti si identifichino. L'indirizzo di posta viene richiesto per registrare un elenco delle richieste anche nell'interesse dell'Utente (che, magari, potrà essere avvertito in futuro di nuove versioni dei file che ha scaricato). In generale, visto che in fondo il servizio è offerto senza ulteriori richieste, è sempre buona norma inserire il proprio indirizzo vero di posta e non altri indirizzi inventati al momento per nascondersi dietro un inutile anonimato.

In alcuni casi, invece, è il fornitore del servizio che comunica all'Utente identificativo e password per entrare nell'area FTP. Questo succede, per esempio, quando un Utente vuole modificare la propria pagina personale. Il fornitore dello spazio fornisce all'Utente una password; l'Utente si collega al sito,

digita identificativo e password e dopo la procedura di autorizzazione può modificare, eliminare e inserire i file che meglio crede. In questi casi, quando cioè si vuole utilizzare l'FTP
per trasferire i file da e sul proprio calcolatore, il browser non
basta perché esso gestisce solo gli scaricamenti. In questi casi
bisogna dotarsi di un client FTP, un programma specifico per
quest'operazione che, come tanti altri, si può scaricare direttamente dalla Rete. Il suo funzionamento è in genere molto semplice riducendosi a mostrare, in uno schermo diviso in due
parti, le situazioni del computer locale e di quello remoto.
Cliccando su alcuni pulsanti si trasferiscono i file selezionati
nelle due direzioni.

4.2.3 Il software disponibile in Rete

La Rete Internet è il luogo dove poter trovare moltissimi programmi. Come si immagina non tutti questi programmi sono
gratuiti ma le modalità per "essere in regola" sono varie ed è
consigliabile enunciare le più diffuse.

- **Public domain**: i programmi **PD** (pubblico dominio) sono
  quelli sui quali non si esercita alcun diritto. Il programma
  PD non ha un proprietario ma è ritenuto di tutti, pubblico,
  appunto. Alcuni programmi sono effettivamente di pubblico dominio, ma, parlando di software gratuito, la situazione
  più frequente è quella del prossimo punto.

  I programmi di pubblico dominio

- **Freeware**: è un programma che ha un autore, che quindi
  ne conserva i diritti di proprietà, ma che viene concesso
  gratuitamente a chiunque lo desideri. Il programma freeware è di fatto gratis ma non può esserne negata la paternità:
  non si può dire, cioè, "l'ho fatto io" nè nasconderne per
  qualche motivo l'autore. I programmi freeware sono diffusissimi sulla Rete. Essi possono essere il risultato di lavori di
  ricerca o semplicemente essere promozionali (la tale azienda regala il proprio programma sperando che gli Utenti lo
  usino e, apprezzatene le caratteristiche, si rivolgano ad essa per altri programmi). Addirittura, un intero sistema operativo, **Linux**, è stato sviluppato con una licenza di tipo
  freeware (la licenza si chiama **GNU**): Linux è partito da un
  progetto universitario e si è via via ampliato con il contributo volontario di tanti programmatori in tutto il mondo.
  Dopo alcuni anni, Linux è una realtà importante dell'informatica mondiale, e addirittura c'è chi pensa che esso possa
  mettere in discussione il primato di Microsoft Windows.
  Tanto per dare un'idea delle capacità di Linux e della sua

  I programmi scaricabili gratuitamente

affidabilità ricordiamo che con Linux funzionano più di metà dei server della Rete internet (e solo una piccola parte con sistemi operativi di Microsoft).

Utilizzo gratuito con invio di cartolina

- **Cardware**: è in pratica freeware ma richiede che l'Utente, se usa il programma, invii una cartolina a chi lo ha realizzato. Alcuni chiedono invece piccole somme volontarie per organizzazioni di aiuto ai bisognosi (e in questo caso si parla di **Charityware**).

I programmi a pagamento

- **Shareware**: è la modalità più diffusa. L'Utente, se usa il programma, deve corrispondere al programmatore una somma in genere modesta rispetto a quella che pagherebbe se acquistasse un prodotto "di marca". Lo shareware non è gratis ma in genere costa pochissimo e talvolta svolge funzioni che solo i programmi più avanzati riescono a compiere.

Altri casi

- **Situazioni miste**: in alcuni casi, non si può dire se un dato programma è shareware o freeware. Per esempio, alcune case di software ritengono (a parere degli autori giustamente) che il software installato ed utilizzato presso le istituzioni educative (o comunque per fini non commerciali) sia da concedere gratuitamente. In questo caso, solo gli Utenti professionali devono corrispondere la quota.

Alcuni programmi shareware sono messi ai disposizione in una forma parzialmente limitata (alcune caratteristiche, cioè, sono disabilitate): il pagamento della quota abilita tutto il programma. Altri hanno un meccanismo che, se non viene pagata la quota, blocca il programma stesso dopo un certo numero di utilizzazioni o un certo periodo di tempo (ad esempio, dopo un mese dalla prima installazione). Altro software, invece, è messo a disposizione con l'accordo Try before you buy (prova prima di comprare). Il software scaricabile è completo e sta all'Utente, una volta deciso che il programma fa al caso suo, di pagare la somma al programmatore.

Perché pagare?

Si capisce che questo sistema non garantisce al programmatore che il suo programma non sia usato disonestamente anche da persone che non hanno pagato la quota. Eppure, questo metodo è abbastanza diffuso per alcuni motivi. Innanzi tutto, diventando Utenti registrati, si ha in genere diritto a ricevere prima, e a condizioni vantaggiose, gli aggiornamenti del programma; in secondo luogo, la recente legislazione ha finalmente puniti con decisione i reati di uso illegale del software e alcuni hanno dovuto pagare multe salatissime per evitare guai peggiori; da ultimo, ma forse è la ragione più importante, la comunità informatica si è resa conto che riconoscendo il giusto compenso ai singoli che lavorano si fa in modo che essi crescano, si sviluppino e diano luogo a realtà diverse e potenzialmente altamente creative. Una piccola software house può creare software di alta qualità proprio perché non è vincolata da stringenti esigenze di bilancio e di profitto, come lo sono le grosse compagnie (il ragionamento non è dissimile da quello che si fa per spiegare la forza della piccola impresa rispetto alla grande). La concentrazione del software nelle mani di pochi produce sì risultati qualitativamente elevati, ma uccide irreparabilmente lo spazio per le piccole compagnie che diventano dipendenti dai grandi. La copiatura illegale del software dà fastidio a ogni persona che lavora nell'informatica ma, mentre le grosse aziende hanno sempre i margini per rientrare dei mancati guadagni, le piccole software house e i singoli programmatori si trovano impotenti di fronte a questo atteggiamento e affondano senza scampo.

Purtroppo questa non è solo un'analisi impietosa dello scenario attuale, né una triste previsione di ciò che potrebbe accadere se non si porrà rimedio a tale atteggiamento, ma anche il breve riassunto della storia dell'informatica degli ultimi quindici anni. Gli autori hanno visto molti buoni programmi svanire nel nulla perché acquistati da grandi compagnie che, per non mettere in crisi i propri prodotti equivalenti, ne hanno determinato la fine. Più o meno come se la Fiat acquistasse la Renault e poi decidesse di far produrre a quest'ultima automobili di scarsa qualità (o di non farne produrre del tutto) in modo da avere un concorrente in meno nel mercato automobilistico. I più sensibili a queste tematiche capiranno perché i dibattiti sulle concentrazioni di software siano così importanti.

4.3 Il Web e le comunità virtuali

4.3.1 Il protocollo HTTP

Il protocollo HTTP è destinato al traferimento degli ipertesti e, più in generale, di ogni tipo di file (programmi, dati, e così via). La differenza sostanziale con il precedente protocollo FTP è che l'HTTP stabilisce tra i computer un collegamento particolarmente strutturato, nel senso che prima che uno dei due invii all'altro il file, i due calcolatori si scambiano numerose informazioni sul file e sulle sue caratteristiche; inoltre, il trasferimento di un singolo file può in realtà comportare quello di altri file ad esso collegati e questa situazione è gestita solo dall'HTTP. Questa ricchezza e completezza di informazioni, unita ad altre caratteristiche particolari (su cui non è necessario soffermarsi) ha determinato la grande diffusione del protocollo e, di fatto, lo sviluppo della Rete Internet stessa oltre i

Trasferimento con collegamenti strutturati

confini strettamente accademici. Il protocollo HTTP, sviluppato nei laboratori del CERN di Ginevra all'interno di un progetto finalizzato alla creazione di un sistema di comunicazione tra
le comunità dei fisici delle alte energie, è così diventato il linguaggio della Rete Internet, soppiantando gli altri.

Il modo in cui si indica un collegamento HTTP è analogo a
quello usato per l'FTP. L'indirizzo va digitato indicando prima
il tipo di protocollo, poi la macchina e, se necessario, il file di
interesse. Ad esempio, l'indirizzo `http://www.uni-bocconi.it/`
`ricerca/index.html` porta alla pagina dell'Università Bocconi dedicata alla ricerca. Collegandosi invece a `http://www.uni-bocconi.it/`
si accede alla macchina dell'Università Bocconi che, in mancanza di ulteriori specifiche nella richiesta, invia la propria pagina standard (dalla quale si accede alle informazioni di interesse). È l'occasione di segnalare che, di norma, gli indirizzi
vanno digitati esattamente così come vengono indicati, perché
molti server collegati ad Internet riconoscono le differenze tra
maiuscole e minuscole e quindi in caso di errori di battitura
non troverebbero i file richiesti.

Gli indirizzi HTTP

*Trasferimenti
più complessi*
Quando il collegamento si è concluso, il **browser** mostra il
contenuto della pagina. Sul modo in cui questo contenuto viene effettivamente rappresentato sul video torneremo nel capitolo 6. (⇨p. 91). Ora ci interessa soprattutto osservare che ciò
che veramente contraddistingue l'HTTP è la capacità di inserire, nella pagina che viene mostrata all'Utente, altri file (immagini, suoni, filmati) e riferimenti ad altri file, permettendo
quindi la creazione di veri e propri ipertesti.

Il collegamento con altri file, invece, è stabilito con le cosiddette **hotword** (letteralmente, parole calde): cliccando su
una di queste parole (che appaiono evidenziate rispetto al testo normale) si accede ad un altro file. Il processo può ripe-
tersi all'infinito, anche ciclicamente. Anche in questo caso, i file cui si accede successivamente non devono essere necessariamente file di testo ma possono essere anche un filmato, un
brano di musica, un'immagine, un foglio elettronico, e così via.
Di solito, la possibilità del collegamento ad un altro file viene
suggestivamente segnalata dal cambiamento della forma del
puntore del mouse che da freccia diventa una piccola mano.

Gli ipertesti
Non è questa la sede per spiegare con precisione che cosa
sia un ipertesto ma, per i pochi che non ne fossero ancora a
conoscenza, diremo che, a differenza di un testo ordinario in
cui la lettura è necessariamente lineare (procede cioè dall'inizio alla fine), un ipertesto è uno strumento informatico che

permette la lettura delle informazioni in modo non lineare, saltando avanti e indietro nel testo, creando collegamenti tra le parti di esso e, quindi, rendendo possibili più letture delle stesse informazioni.

La lettura ipertestuale non è nulla di straordinario, da un certo punto di vista. Chi legge un manuale di matematica, ad esempio, è abituato a seguire i rimandi del testo da una pagina ad un'altra, anche lontana; inoltre, è altrettanto evidente che se due persone leggono lo stesso libro non necessariamente devono fare i medesimi collegamenti tra le varie parti di esso. La novità offerta dallo strumento ipertestuale è la possibilità di codificare i collegamenti, in modo che di essi non solo non si perda traccia ma che essi stessi costituiscano un'altra versione dello stesso libro. Per altri approfondimenti sugli ipertesti, rimandiamo alla bibliografia.

4.3.2 Il browser e la navigazione

Accedendo ad un certo file e seguendo i collegamenti che da esso portano ad altri file e da questi ad altri file ancora, si crea un percorso generato dall'Utente durante il suo collegamento alla Rete. Per un'evidente analogia, questo percorso si chiama navigazione e navigatori gli Utenti che, di collegamento in collegamento, esplorano le varie risorse che la Rete mette loro a disposizione. Usando un'analogia con una struttura matematica, la navigazione può essere rappresentata da un grafo. Un vertice del grafo rappresenta il navigatore quando è stata scelta la pagina iniziale. La scelta di un collegamento su questa pagina lo porta (percorrendo un lato del grafo) su un altro vertice. Da questo, scegliendo ancora un altro collegamento, si muove su un altro vertice e così via.

Il **browser**, il programma che permette la navigazione, ne registra le singole tappe e permette di ripercorrerle anche all'indietro. Ogni browser, infatti, possiede due pulsanti, avanti e indietro, con i quali ci si sposta tra le varie pagine già visitate. Questa caratteristica è fondamentale nella lettura degli ipertesti per due motivi. In primo luogo, il collegamento che lega una pagina ad un'altra è sempre orientato, nel senso che va da una certa pagina ad un'altra e non viceversa. Ad esempio, in una pagina sulla dimostrazione del teorema di Euclide ci può essere un collegamento ad un'altra pagina che parla del teorema di Pitagora, perché il secondo è un requisito per la comprensione del primo; non necessariamente avviene viceversa (anzi, è abbastanza insolito). Una pagina "raggiunta" non sa da quale altra pagina è arrivata la richiesta e quindi se non venisse memorizzata la sequenza delle pagine, non si potrebbe tornare indietro nella navigazione.

Navigazione
tra le pagine visitate

In secondo luogo, è proprio per la natura dell'ipertesto che tale procedura "caotica", contraddistinta da numerosi andirivieni tra le pagine visitate, risulta naturale. Nell'esempio appena fatto, la lettura della dimostrazione porta al richiamo del teorema di Pitagora: il collegamento fa passare alla pagina relativa ma, dopo che quest'ultima è stata letta ed il contenuto assimilato, il percorso logico deve ritornare al teorema di Euclide, e così per tutti i tipi di riferimenti.

Memorizzare
gli indirizzi

Quando si incontra un sito particolarmente interessante o che si ritiene sarà visitato in seguito altre volte, conviene memorizzarne l'indirizzo e ogni browser dispone di un meccanismo di registrazione. In questo modo, l'Utente inserirà l'indirizzo una volta sola, le altre volte utilizzerà il collegamento memorizzato con un pulsante che lo porterà direttamente alla risorsa cercata. La struttura della Rete è in continuo divenire, perché alcune macchine subiscono processi di ristrutturazione, perché nascono sempre nuovi server e perché altri vengono staccati dalla Rete; perché, infine, le informazioni che sui server sono registrate cambiano di frequente. In fondo questo non è sorprendente, perché è quello che succede con la Rete telefonica. I numeri cambiano, come le persone dietro ai numeri e le cose che le persone pssono comunicare. Ma questo cambiamento è particolarmente lento perché il cambiamento di numero telefonico è legato, nella nostra immaginazione, al cambiamento di abitazione e quindi è poco frequente. In un certo senso la situazione della Rete è più vicina a quella dei telefoni cellulari in cui gli Utenti cambiano più spesso numero e numeri prima attivi, possono diventare inattivi da un giorno all'altro.

Gli indirizzi
possono cambiare

La situazione in Internet è aggravata dal fatto che, mentre con i telefoni se uno cambia il numero può, almeno teoricamente, darne comunicazione, ciò è impossibile sulla Rete perché gli interessati sono sconosciuti. Chi visita un certo sito? La domanda è destinata a rimanere senza risposta, perché il massimo che il sistema può fornire è il nome di un computer ma non della persona che ad esso è collegata. Il risultato di questo caos è che non può esistere un analogo della guida del telefono per Internet. Al problema della ricerca di informazioni si ovvia con alcuni siti particolari che si chiamano **siti di ricerca** che svolgono, parzialmente, la funzione di elenchi di indirizzi. Sull'efficienza e sulla modalità d'uso di questi siti ritorneremo nel capitolo 5 (⇨p. 67). Per ora è ci basta aver segnalato che il problema legato al reperimento delle informazioni sulla Rete è particolarmente delicato. Proprio per questo, il file in cui si memorizzano gli indirizzi di uso frequente è abbastanza prezioso e, soprattutto per un neofita, può essere un ottimo punto di partenza per una navigazione intelligente della Rete.

Ai nuovi adepti, quindi, diamo un consiglio: fatevi copiare, stampare, inviare da un vostro amico con cui condividete interessi e passioni, il suo elenco di siti. Risparmierete molto tempo e farete un ingresso indolore nel mondo di Internet.

L'esperienza della navigazione è senza dubbio molto coinvolgente. In un baleno, quasi senza accorgersene, si può partendo, per esempio, dalle pagine di un'università, passare per quelle di un noto gruppo rock per arrivare a quelle dedicate a qualche pilota di automobile, ad un paese esotico o alle ricette di pesce. L'incredibile quantità di informazioni che è disponibile mette quasi soggezione e, in effetti, c'è chi ha parlato, per la Rete, di sovraccarico di informazioni. Si tratta sicuramente di un problema concreto ma, così come in edicola, a fronte del gran numero di giornali e riviste, noi scegliamo sempre quello che più ci interessa, sulla Rete si finisce spesso per utilizzare solo alcuni canali di informazione. Resta comunque il fatto che, di tutta la massa di notizie disponibili sulla Rete, solo una certa percentuale è veramente interessante (e il paragone con l'edicola diventa più stretto) e, almeno per il momento, è spesso in lingua inglese.

La vasità di informazioni presenti in Rete

L'HTTP, inoltre, permette di trasferire oltre al solo testo anche immagini e suoni e così le pagine che il browser ci mostra sono spesso ricche di colori e estremamente accattivanti. Addirittura, sono nate nuove professioni legate alla pubblicazione su Internet: gli esperti di comunicazione elettronica e di grafica hanno messo a frutto la loro precedente esperienza tradizionale per creare oggetti di grande fascino in questo nuovo scenario multimediale.

Non solo testo

Le nuove professioni

Parallelamente è cresciuta nei fornitori di informazione la coscienza che la forma in cui il messaggio è trasmesso non è un particolare trascurabile (anzi, quando esiste solo l'interfaccia elettronica come durante la navigazione in Rete, essa è praticamente tutto). Così aziende, ma anche enti e istituzioni, hanno attivato siti ricchi di informazioni e accattivanti graficamente, creando nuovo lavoro in questi settori.

Per questi motivi, è naturale che chi si accosta ad Internet per la prima volta passi molte ore davanti al browser, navigando senza alcuna meta, giusto per scoprire, per farsi un'idea dell'ambiente in cui è si trova (come i gatti quando entrano in una nuova casa ed esplorano tutte le stanze). A tempo debito, si vedrà che la navigazione è solo una parte dell'esperienza della Rete; il potenziale di Internet va infatti molto oltre la capacità di accedere ai server di tutto il mondo e, come per molti mezzi di comunicazione, risulta ancora inesplorato.

La Rete (**fisica**) che collega i calcolatori della Rete Internet e quella (**logica**) che collega i documenti che i calcolatori ospitano si fondono in una struttura che avvolge l'intero mondo.

Differenze tra rete fisica e rete logica

La Rete

La rappresentazione grafica che è stata suggerita per questa situazione è quella di una ragnatela. **Web**. Il Web, quindi, è l'insieme della Rete e delle sue strutture logico-fisiche. Questo nome sta ad indicare tutta la Rete, nel suo duplice aspetto di contenitore e contenuto, con tutte le informazioni in essa contenute (e in continuo divenire) e i modi per utilizzarle; **WWW** (**World Wide Web**, ragnatela mondiale) è l'acronimo che la rappresenta.

Ci limitiamo a segnalare che il browser ha numerose altre funzioni.

4.3.3 I contenuti in Rete

La querelle che oppone fautori e detrattori della Rete sul versante della qualità dei contenuti è assolutamente senza senso. Basterà pensare, infatti, a quello che succede nella carta stampata in cui nessuno si sogna di dire che la stampa è tout court inutile solo perché esistono pubblicazioni di dubbio interesse (gli autori stanno concorrendo per il primo premio al concorso per l'understatement dell'anno). È chiaro che, in ogni mezzo di comunicazione, si affiancano naturalmente contenuti di vari livelli, destinati ai pubblici più diversi e che quindi non ha senso porsi problemi di qualità in un settore, quello dei mezzi di comunicazione, che sicuramente non ha la coscienza pulita.

È necessario un atteggiamento costruttivo

Mentre parte del mondo intellettuale perdeva il proprio tempo a discutere di questo, l'Italia è rimasta indietro nello sviluppo della Rete Internet rispetto alle altre nazioni europee e, ovviamente, rispetto agli Stati Uniti. Questo difetto, prima perdonabile, inizia a non esserlo più e occorre che si formi una coscienza generale sulla necessità, da parte di tutti, di usare efficacemente questo nuovo canale di comunicazione. L'atteggiamento di rifiuto delle nuove tecnologie, o di diffidenza verso di esse, va assolutamente eliminato perché chi non controllerà le tecnologie sarà necessariamente controllato da esse. Non si tratta di fare i paladini vagamente positivisti dell'informatica; invece, si vuole sottolineare che il cambiamento introdotto dalla diffusione della Rete Internet è un cambiamento radicale, non solo perché con la Rete cambiano in qualche modo i contenuti del sapere ma perché con essa cambiano anche le modalità di trasmissione del sapere.

Anche la Pubblica Amministrazione usa la Rete

Inoltre, questa rivoluzione avviene a velocità superiori a quelle che siamo abituati a conoscere. Nell'ultimo quinquennio, la Rete si è sviluppata in modo incredibile: tanto per fare un esempio, il numero degli Utenti della Rete negli Stati Uniti è salito a quasi 100 milioni e dall'ultimo anno l'aumento è stato del 16%. Chi non è ancora salito sul treno della Rete, si deve affrettare a farlo perché esso è già in movimento. Anche i giganti della burocrazia, quali ad esempio i ministri del governo italiano, hanno saputo darsi una veste informatica decorosa. Mentre si scrivono queste pagine, il Ministero della Pubblica Istruzione ha messo a disposizione un programma per la gestione informatizzata dei nuovi esami di stato. Il Ministero delle Finanze riceverà quest'anno le dichiarazioni dei redditi attraverso la Rete Internet (e solo attraverso di essa, non essendo più consentite le dichiarazioni dattiloscritte). Chi qualche anno fa avesse previsto tutto questo sarebbe stato preso per visionario!

Questa rivoluzione è talmente rapida che essa non viene annunciata. Si pensi, per fare un altro esempio, alla recente preiscrizione degli studenti delle scuole medie superiori all'università che, come è noto, deve essere fatta solo attraverso la Rete Internet. La novità è stata comunicata durante l'estate alle scuole che, senza preavviso e fidando nelle proprie risorse (costituite dai pochi insegnanti esperti di Internet) hanno comunque assolto al loro compito. In tutta l'operazione, il Ministero della Pubblica Istruzione non ha preavvertito nessuno, "regalando" la sorpresa alle scuole. Lo stesso ha fatto il Ministero delle Finanze con i commercialisti. Il vantaggio dell'automazione di tali operazioni è ovvio ed è anche ovvio che, proprio per cercare di non rimanere al palo rispetto agli altri paesi, la pubblica amministrazione italiana sta facendo passi rapidissimi, senza avvisare nessuno esplicitamente ma, di fatto, costringendo chi ha a che fare con essa ad adeguarsi.

Mancano annunci ufficiali

Per chi lavora nella scuola, la cosa più importante è il fatto che sono proprio le nuove generazioni ad essere le protagoniste primarie di questa rivoluzione. L'intera classe docente, che mantiene con i giovani un costante rapporto educativo, non può assolutamente chiamarsi fuori dal gioco, sostenendo che Internet rappresenta solo una moda, un fenomeno passeggero, come uno dei gruppi musicali che fanno parlare di sé per una sola estate. Bisogna necessariamente conoscere Internet, lavorarci, usare la Rete, per poter sostenere con gli studenti un dialogo costruttivo, anche perché proprio gli studenti sono tra i più assidui frequentatori della Rete.

E nella scuola?

Non si deve però fare l'errore di pensare che conoscere Internet e la Rete equivalga alla conoscenza di questo o quel programma o di questo o quel documento in Rete che parla di un certo soggetto. La conoscenza della Rete che il docente deve assicurarsi è in primo luogo una metaconoscenza: si deve capire cioè che cosa si può fare con la Rete, quali sono i suoi limiti e potenzialità senza preoccuparsi troppo di sapere come realizzare i dettagli o di conoscerne le ultime novità. I docenti devono raggiungere per la Rete Internet la stessa conoscenza che essi hanno dei libri: anche con pochi elementi e senza una lettura approfondita, un docente sa come si legge e si studia un libro (soprattutto se è un manuale) e come si lavora con esso. Per i docenti attualmente in servizio questo è facile, perché essi si sono formati sui libri che, prima di essere i loro strumenti di lavoro, sono stati i loro strumenti di formazione. Dei libri i docenti hanno imparato a conoscere pregi e difetti sulla propria pelle, prima che su quella dei propri studenti. Per questo è relativamente facile per un docente spiegare ad un discente come si lavora con il libro a scuola. Quello che oggi suc-

Cambiano i canali
e gli strumenti
dell'informazione
cede facilmente per i libri dovrà succedere in breve tempo anche per la Rete Internet; essa sarà il canale privilegiato per la diffusione di alcune particolari informazioni e un docente che si rispetti non potrà pensare di aver formato uno studente se non gli avrò dato gli strumenti per apprendere le informazioni.

Nel processo di formazione del docente, va tenuto ben presente che questo deve precedere l'esperienza con il discente. In altre parole, deve valere il principio che prevede prima l'esperienza personale, poi quella con i discenti; non sempre questo succede. Si vedono docenti che, nonostante le poche ore di navigazione alle spalle, portano le classi nelle aule informatiche per svolgere ricerche su un certo argomento. I risultati, spesso mediocri, sono presto spiegati. I docenti sono completamente a digiuno di queste, come di altre, modalità d'uso della Rete e non possono guidare gli studenti nella produzione di un lavoro magari modesto ma comunque dignitoso per il buon motivo che essi stessi non ne sarebbero in grado. Il docente, invece di essere guida del discente, diventa così pessimo compagno di viaggio, incapace di fornire le informazioni necessarie per trarre dall'esplorazione della Rete un risultato

di buon livello. Oltretutto, gli studenti sono (e saranno sempre) più brillanti dei docenti in alcuni fatti tecnici che, inevitabilmente, intralceranno il percorso di lavoro.

Essi conosceranno il nuovissimo browser o magari sapranno usare il programma più potente per scrivere le pagine Internet. Ma quello che non sapranno fare, perché non hanno l'esperienza per saperlo fare, sarà che cosa scrivere, quale messaggio trasferire con gli strumenti che hanno a disposizione. In questo senso, la distanza tra docente e discente, distanza necessaria perché entrambi sentano la necessità di trasferire un messaggio, si ristabilirà su un piano che, in un certo senso, potremmo definire metatecnico.

Il discorso potrebbe apparire un po' polemico ma non è pensato per esserlo. Gli autori sono docenti e quindi sanno be-

ne a che cosa si riferiscono quando parlano di vita in classe.
Non si vogliono reprimere le esperienze comunque fatte nella
scuola, anche quelle del tipo sorpa descritto. Tutto contribui-
sce a formare la coscienza del docente e quindi a renderlo migliore. Né si ignora che, in realtà, quello che si chiede ai docenti è di rivoluzionare il proprio modo di lavorare e di farlo
mentre si lavora! E tutto mentre le condizioni di lavoro peg-
giorano a vista d'occhio.

D'altro canto, lamentarsi non servirebbe a cambiare le cose e, visto che una buona parte della classe docente mette comunque in secondo piano altre considerazioni rispetto alla
qualità del proprio lavoro, e tenuto conto che proprio le condizioni non ottimali dovrebbero rendere più impellente il bisogno di adeugarsi in modo rapido ed efficace alle nuove tecnologie, l'atteggiamento che gli autori suggeriscono sembra il
migliore possibile (leibnizianamente).

L'esempio con cui vogliamo concludere questo paragrafo è   *Le homepage*
emblematico. Molti fornitori d'accesso mettono a disposizione   *personali*
di ogni Utente dello spazio per una **pagina personale**. Anche
le scuole, in quanto abbonate ad un Internet provider, hanno
avuto questa possibilità. Tuttavia, la maggioranza delle scuole
non ha saputo sfruttare in modo proficuo questo spazio. Si
trattava di uno spazio comunque occupato da un'istituzione e
quindi, in un certo senso, ufficiale. Inoltre, per molte scuole la
pagina Web è diventata l'occasione per farsi conoscere al di là
dei propri limitati confini geografici. Poche scuole hanno inserito, accanto alle informazioni essenziali, altri interessanti dati sulla scuola e sugli studenti; in questi pochi casi, inoltre, la
pagina è stata curata anche dal punto di vista grafico e, occasionalmente, anche tecnico. La restante maggioranza, ha inve-   *Gli studenti*
ce affidato la realizzazione delle pagine ad alcuni dei propri stu-   *possono ora essere*
denti o a docenti poco preparati sull'argomento, con il risultato   *operativi*
che la pagina della scuola è diventata un'inutile accozzaglia di
colori e informazioni imprecise senza capo né coda. La morale: i
docenti, per scarsa sensibilità, hanno dimostrato di sottovalutare
la portata del mezzo, di ritenerlo un "gioco da ragazzi". Nessun
dirigente scolastico avrebbe affidato agli studenti la realizzazione
di un depliant informativo della scuola. Con il sito Internet, invece, questo è potuto succedere (e, purtroppo, in moltissimi casi).
Se l'importanza della comunicazione in Rete fosse stata compresa, errori di questo genere non se ne sarebbero dovuti vedere.

4.3.4 Il Web: un luogo di incontro

La Rete Internet mette in comunicazione persone fisicamente
lontane. Questa comunicazione, contrariamente a quanto av-

La comunicazione
bidirezionale

viene, per esempio, con radio e televisione, è bidirezionale: ogni Utente della Rete è contemporaneamente mittente e destinatario di una quantità di informazioni potenzialmente illimitata. I server che, in giro per il mondo, ospitano le pagine e i messaggi di posta sono di fatto un immensa scrivania sulla quale tutti possono lavorare e collaborare insieme.

È quindi naturale che, dopo un po' di tempo, tra le persone che hanno lavorato sugli stessi soggetti si siano formati rapporti di collaborazione e, occasionalmente, di amicizia. Il Web, quindi, come ogni luogo di lavoro, è diventato anche lo spazio per incontrare altre persone, legate ai medesimi interessi. Volendo porre l'accento sulla possibilità offerta dal Web di conoscere altre persone, si usa una nota analogia secondo la quale la Rete Internet è una piazza virtuale frequentando la quale si possono incontrare altre persone.

Piazze virtuali

Per alcuni aspetti, si tratta di una situazione normale: alcune persone, accomunate dagli stessi interessi, si trovano, si incontrano e formano un gruppo di lavoro. L'unica differenza è che questi incontri, le collaborazioni e il lavoro stesso si svolgono in Rete e quindi con le persone che, temporalmente e spazialmente sono distanti. C'è, inoltre, un'altra particolarità. La Rete nasconde alcuni aspetti della persona che nella normale vita di relazione sono essenziali e, talvolta, discriminanti (ad esempio, l'età). In Rete, quindi, possono formarsi gruppi molto eterogenei e questa caratteristica può essere molto utile in particolari situazioni.

Rete
e comunicazione
sociale

La capacità di produrre socialità è un tratto caratteristico della Rete ed è stata sempre sottolineata come una delle sue particolarità più interessanti. A confermarlo, si trovano sulla Rete sempre più spazi per la collaborazione e per l'incontro delle persone. Questi spazi sono di solito organizzati in **forum** e **chat**.

I forum

I forum sono le bacheche elettroniche del Web, analoghe alle BBS (⇨p. 10). I navigatori leggono le pagine e mandano messaggi che, immediatamente, vengono trascritti sulle pagine che in questo modo diventano un interminabile verbale di discussioni più o meno interessanti. Le chat, invece, sono particolari pagine che, con opportune tecnologie, possono mettere in comunicazione Utenti contemporaneamente collegati alla Rete in modo che essi possano chiacchierare in tempo reale. Anche in questo caso il livello delle discussioni può variare a seconda delle situazioni. Entrambi le strutture sono di solito libere, ma viene richiesta una sorta di "identificazione" prima dell'accesso (per motivi di sicurezza). Quanto queste modalità di interazione siano efficaci dipende molto da chi vi partecipa. Se proprio si vuole fare una distinzione, si può dire che più

Le chat

l'argomento di cui si discute è definito più efficace è la comu-   Forum dedicati
nità nel trasmettere informazione: in un forum dedicato, per
esempio, alla programmazione in linguaggio C++, probabilmente si troveranno solo le persone veramente interessate all'argomento. Ragionevolmente si può pensare che inviando un
messaggio a questo forum si riceveranno risposte abbastanza
qualificate.

Contrariamente a quanto si possa pensare, la comunità vir-   Comunità virtuali
tuale è, in alcuni casi, l'unico modo possibile per portare avan-
ti i propri progetti. Consideriamo il seguente esempio. Un docente universitario apre, all'interno del sito del proprio ateneo, un sito dedicato, diciamo, ad un poeta minore del trecen-
to. Gli altri studiosi di questo particolare soggetto sono pochi e
sparsi per il mondo e, per questo motivo, non possono praticamente incontrarsi mai tutti insieme. Il sito offre loro lo spazio
per collaborare, per studiare il loro soggetto preferito, magari
giungendo alla nuova edizione critica delle opere del poeta.

L'esempio è tutt'altro che fantasioso. In Italia da alcuni an-   Il progetto Manuzio
ni è attivo il sito del Progetto Manuzio. In questo sito vengono
rese disponibili a tutti le opere che non sono più protette dal
diritto d'autore in versione elettronica. Chi vuole una Divina
Commedia può collegarsi al sito e scaricare l'intero poema per
leggerlo con calma o stamparlo dal proprio elaboratore di testi. Questa possibilità è fornita per moltissimi testi e molti altri
sono in lavorazione. La lavorazione procede in più fasi: innanzi tutto, qualcuno deve trascrivere il testo sul calcolatore; poi
altri ne correggeranno le bozze due volte e infine il testo sarà
pubblicato sulla Rete e reso accessibile a tutti. Ogni fase di
questo lavoro è impegnativa e richiede del tempo. La possibilità che una persona sola o un solo gruppo di persone, per
quanto affiatato, potesse svolgere l'intero lavoro era nulla.
Così, gli estensori del progetto hanno pensato di sfruttare le
potenzialità della Rete per "distribuire" il progetto su tante persone che hanno formato una comunità (quella dei redattori di
Manuzio) che porta avanti un lavoro fondamentale per la letteratura italiana. Chiaramente, lavorando in questo modo sono
sorti altri problemi, essenzialmente legati alla necessità di fare
lavorare le persone in modo uniforme; ma questi sono stati risolti con un adeguato standard e il progetto è ormai in fase
avanzatissima. Analoghi esempi sono possibili in altri campi
del sapere. Per esempio, un docente americano ha preparato
un sito in cui ospitare un libro sulla teoria dei punti fissi.
Questo libro ancora non è completo, ma la richiesta di contributi è già stata distribuita e, con il contributo di tutti gli studiosi di quel campo, sarà possibile ultimarlo entro breve tempo.

Alla luce di queste prospettive, si capisce perché il problema degli standard di comunicazione diventi cruciale. Mancando questi ultimi, infatti, la comunicazione non sarebbe possibile o sarebbe notevolmente ostacolata. Perciò, gli autori suggeriscono, ogni qual volta ci si accinge alla preparazione di materiale che, anche potenzialmente, potrebbe essere pubblicabile sulla Rete, di utilizzare sempre strumenti e linguaggi standard. Il problema sarà affrontato più a fondo nel prossimo capitolo.

L'insegnamento a distanza è un'importante novità dei programmi offerti dalle istituzioni educative straniere e, ormai, anche italiane; altre esperienze, come ad esempio lo scambio di messaggi di posta tra classi di diversi paesi per lo studio della lingua straniera, sono ormai consolidate. In questi casi si forma naturalmente un particolare tipo di comunità virtuale: quella formata dagli studenti che partecipano a queste attività. Proprio perché in queste situazioni l'aspetto educativo si confonde con quello disciplinare è essenziale che il docente

sia preparato ad affrontare gli eventuali ostacoli e, in ogni caso, a guidare il lavoro verso gli sbocchi più produttivi. Non è in discussione la competenza disciplinare del docente, quanto il suo approccio nel gestire una classe non tradizionale, fatta non di persone che alzano la mano ma di Utenti che inviano messaggi di posta elettronica e così via. Inoltre, il docente dovrebbe essere pronto a rispondere con sicurezza a domande come: quale tipo di esperienza è più adatta ad un certo profilo di alunni? come sfruttare il lavoro svolto in Rete quando si ritorna in aula? Ma la sfida più grande è quella con il mutamento dei rapporti di forza tra il docente e la classe. Quando si lavora in Rete, il centro della conoscenza non è più nella figura tradizionale del docente. La fonte di informazioni è la Rete e il ruolo del docente muta: da persona depositaria del sapere diventa guida, riassumendo un ruolo che, forse, più modestamente gli compete.

Per uscire dalle nebbie dei discorsi astratti, si consideri questo esempio. Per una lezione di geometria elementare, si vogliono sfruttare le informazioni a disposizione sulla Rete. In questo caso c'è veramente solo l'imbarazzo della scelta: addirittura, tra le tante cose interessanti, si trova un'edizione completa e ricca di simulazioni degli Elementi di Euclide (che costituiscono il nucleo centrale della materia). Lo studente si tro-

va di fronte a due fonti disponibili: il docente e il Web. Tra queste, è naturale che egli scelga, in prima istanza, la seconda (perché è più divertente, perché è graficamente più accattivante di quanto potrebbe fare il docente alla lavagna e, soprattutto, perché il Web non interroga). Il docente, quindi, può utilmente seguire lo sviluppo dello studente anche se non è direttamente lui a impartire le lezioni. Evidentemente, il suo ruolo sarà decisivo in altre fasi (nella scelta dei siti da sfogliare, nella navigazione, nello sviluppo di software applicativo di interesse e così via). Lo straniamento del ruolo del docente può essere ancora più evidente in discipline meno monolitiche della matematica (basti pensare alla letteratura italiana, in cui è praticamente impossibile conoscere bene tutti gli autori di tutti i periodi).

Ci sono, di fronte a questi scenari, alcune perplessità. Ad esempio, poco chiare sono le modalità di verifica che si possono eseguire sull'apprendimento così costruito; ancora meno evidenti sono le conseguenze che un modello di questo tipo può avere sul lungo periodo. In particolare, alcuni sostengono che le esperienze virtuali non siano un'adeguata preparazione al mondo reale (o che siano addirittura dannose). Si tratta sicuramente di questioni complicate a cui non si può dare risposta in questa sede. Basti qui ricordare che ogni buon docente dovrebbe fare, con coscienza e non sulla pelle degli studenti, le esperienze sulle varie tecnologie didattiche e da queste trarre gli insegnamenti per la propria professione. Se proprio si vuole un consiglio pratico, si faccia il più possibile esperienza con la Rete da soli, mettendosi nel ruolo di chi apprende, di chi cerca. In questo modo si farà prima l'esperienza che si proporrà poi ai propri studenti.

La strada è lunga...

In sintesi

È stato introdotto il protocollo FTP, creato per il trasferimento dei file. Sono state fornite alcune definizioni di interesse e nell'ultimo paragrafo sono stati illustrati i principali tipi di software che si possono trovare in Rete.
È stato, inoltre, introdotto il protocollo HTTP, creato per il trasferimento degli ipertesti. Esso è il principale linguaggio della Rete e ne ha di fatto permesso la diffusione al grande pubblico. Sono state fatte alcune osservazioni sulle informazioni che la Rete mette a disposizione e sull'atteggiamento che conviene avere nei confronti della Rete, dentro e fuori dalle aule scolastiche. Nell'ultimo paragrafo sono state sviluppate alcune considerazioni sulle comunità virtuali.

CAPITOLO

5 La navigazione in matematica

A.M. Arpinati, F. Iozzi, A. Marini

5.1 I motori di ricerca

La ricchezza della Rete risiede principalmente nella grandissima quantità di informazioni che essa possiede. Le informazioni, però, sono accessibili solo se si conosce con esattezza la loro collocazione (cioè l'indirizzo Internet). Un problema analogo si pone per la Rete telefonica ma, in questo caso, esistono gli elenchi del telefono che forniscono una buona parte delle informazioni desiderate. Perché, allora, non sono disponibili le "pagine gialle di Internet"?

Vi sono vari motivi. Innanzitutto, la quantità di informazioni disponibili sulla Rete è incredibilmente vasta e in continuo aumento e, di conseguenza, sfugge ad ogni tentativo di catalogazione globale (⇨p. 70); in secondo luogo, la collocazione delle risorse è in continuo divenire: le pagine, per i più svariati motivi, cambiano spesso indirizzo e ciò che oggi si trova ad un certo indirizzo potrebbe domani non essere più disponibile o essere stato spostato ad un altro indirizzo, magari completamente diverso dal primo. Inoltre, la Rete, come si è visto nel capitolo 2 (⇨p. 16), ha una struttura originata da una comunità piuttosto ristretta, quella accademica, per la quale non

La necessità
dei motori

è stato necessario per molto tempo darsi un ordine e degli strumenti di catalogazione rapidi ed efficaci. Il successo, piuttosto improvviso, della Rete ha colto la Rete stessa impreparata anche sotto questo aspetto e, almeno per un po' di tempo, la necessità e le potenzialità della catalogazione delle risorse è stata notevolmente sottovalutata. Basti pensare che, in molte nazioni (compresa l'Italia) non esistono ancora norme certe

Poche regole sulla denominazione dei principali indirizzi Internet. Ad esempio, non esiste una regola per formare in modo univoco l'indirizzo dei siti dei ministeri, o quello delle scuole, mentre per le università è stato definito solo una regola parziale (i nomi di dominio delle università sono costruiti dal suffisso uni seguito dalla sigla automobilistica della provincia: così, `http://www.unimi.it` è l'indirizzo del sito dell'Università di Milano e `http://www.unibo.it` è quello dell'Università di Bologna; ma le Università di Roma che sono tre non possono seguire questa regola e così altri atenei italiani). Il problema dell'accesso ai siti Internet, comunque, è stato parzialmente risolto con la creazione dei cosiddetti "siti di ricerca", e cioè di particolari pagine accedendo alle quali si possono con buona probabilità recuperare gli indirizzi di ciò che interessa. Prima però di parlare dei motori di ricerca, è opportuno dedicare qualche parola ai metodi di ricerca alternativi.

5.1.1 La ricerca su Internet senza i motori di ricerca

La mancanza di un catalogo completo e aggiornato delle informazioni presenti sulla Rete ha dato origine a numerose situazioni particolari che, peraltro, trovano alcune analogie in altri mezzi di comunicazione più diffusi e tradizionali. Il primo effetto è la comparsa ed il relativo successo di pubblicazioni (cartacee) dedicate all'informazione sui "nuovi siti" o sulle pagine "più interessanti" del momento. Fatta la debita scrematura delle cose di dubbio interesse, alcune segnalazioni sono veramente interessanti e quindi potenzialmente utili. Una prima segnalazione è spesso la miccia che innesca una reazione a catena di segnalazioni e di siti di interesse. In quasi tutte le pagine che si trovano sulla Rete, infatti, sono segnalati i link di interesse, e cioè gli indirizzi che gli estensori della pagina hanno ritenuto opportuno segnalare. Tali link sono per lo più correlati all'argomento specifico della pagina stessa. Sul sito Web di un dipartimento di matematica sarà facile trovare un link ad altre pagine di interesse matematico. Talvolta, soprattutto per le pagine personali, i link sono dei tipi più disparati: da quelli dedicati alla musica, alla propria squadra del cuore, e così via.

La prassi di inserire nelle proprie pagine anche i collegamenti ad altre pagine di interesse ha la sua origine proprio nell'atteggiamento collaborativo che la Rete naturalmente promuove. Chi scrive una pagina sa che anche chi la leggerà si troverà nella situazione di dover cercare qualcosa e di non trovarlo per la mancanza dell'indirizzo Internet. Perciò, sarà utile fornire un elenco di siti accessibile direttamente dalla propria pagina. Tale comportamento, se assunto da tanti membri di una comunità, porterà complessivamente ad un accrescimento degli indirizzi di effettiva utilità orientativa perché, se è vero che ci saranno delle ripetizioni, la varietà degli interessi farà sì che ogni pagina porti un discreto numero di indirizzi "originali". Le pagine di link

Esiste quindi un metodo particolare per svolgere una ricerca su Internet: quello dell'esame di pagine già archiviate come utili guide alla navigazione. Ad esempio, supponiamo di voler cercare informazioni sulle "wavelet". Un buon punto di partenza è il sito "ufficiale": http://www.wavelet.org/. Esame delle pagine già archiviate

A partire da questa pagina si può seguire la pagina dei link per trovare moltissime informazioni altamente qualificate e ben strutturate sull'argomento: software commerciale e di pubblico dominio, pagine personali, articoli introduttivi e così via. La ricerca di "wavelet" sui motori di ricerca non è così precisa (e non potrebbe essere altrimenti). L'unica difficoltà che si presenta al navigatore è che cercando in questo modo, potrebbe darsi che le informazioni non si ottengano con un solo passo. Per esempio, per cercare informazioni su Yves Meyer (un matematico francese tra i principali studiosi dell'argomento), potrebbe essere necessario esaminare più di uno dei siti segnalati, ma alla fine si troverà sicuramente la pagina personale dello studioso con il suo indirizzo di posta elettronica.

Certamente, se manca il punto di partenza un discorso come il precedente non sta in piedi: come si fa a sapere che esiste il sito www.wavelet.org? In questo caso, possono bastare i numerosi elenchi che le varie istituzioni accademiche organizzano e gestiscono e che, in generale, sono di facile accesso dalle pagine dipartimentali. Altre volte, poi, anche la navigazione per pura curiosità porta alla conoscenza di siti interessanti. In generale, quindi, il ricorso ai motori di ricerca può spesso essere evitato, soprattutto quando si ricerca materiale non particolarmente specifico. Se, tuttavia, questo tipo di indagine non porta ai risultati desiderati o se la ricerca è particolarmente mirata, bisogna ricorrere ai motori di ricerca.

5.1.2 Che cosa sono i motori di ricerca

I motori di ricerca sono dei particolari programmi che, con procedure variamente automatizzate, catalogano i siti della Rete Internet.

Attraverso alcuni particolari siti, i cosiddetti siti di ricerca, si può accedere a questi cataloghi e, formulando semplici richieste, è possibile ottenere in risposta l'elenco dei siti che soddisfano determinati requisiti.

Le due parti di un motore di ricerca

Ogni motore di ricerca è costituito da due parti distinte: una si occupa di raccogliere dalla Rete i documenti (nel gergo della Rete questa parte si chiama **spider**, ragno); l'altra costruisce, a partire dalle parole contenute nei vari documenti, un **indice** che successivamente può essere consultato. I motori differiscono tra di loro per il modo in cui si svolgono le due operazioni appena descritte e, quindi, possono essere diversi per il numero di pagine catalogate, per il modo in cui queste sono state catalogate e, infine, per le modalità che possono essere seguite per accedere al catalogo. Esaminiamo separatamente queste tre caratteristiche.

Caratteristiche e limiti dei motori di ricerca e loro diversità

Il numero di pagine catalogate è sicuramente un parametro importante, soprattutto quando la ricerca è molto particolare. Va subito detto che, proprio per la vastità dell'intero World Wide Web, i motori riescono a catalogare solo una parte delle pagine che in esso sono contenute (secondo alcune stime, la percentuale si aggira sul 20%). Non è detto quindi che un motore più ricco riesca per forza ad eseguire meglio una ricerca. Anzi, potrebbe anche darsi il caso che, proprio per il maggior numero di informazioni catalogate, esso fornisca troppi indirizzi tra i quali risulti poi difficile districarsi. L'altro "difetto" intrinseco della catalogazione è dovuto al fatto che, anche se essa viene ripetuta abbastanza frequentemente, c'è sempre il rischio che pagine catalogate abbiano cambiato indirizzo o siano addirittura scomparse. Ovviamente, più grande è il database degli indirizzi, maggiore è la probabilità che gli aggiornamenti siano meno frequenti e che si verifichi questo inconveniente: da questo punto di vista, quindi, i motori con meno pagine hanno maggiori probabilità di essere aggiornati. Per tradizione i motori più efficaci e potenti sono statunitensi ma, proprio per questo motivo, catalogano soprattutto le pagine in lingua inglese. Di recente sono stati realizzati alcuni motori orientati agli Utenti italiani; essi sono utili principalmente per la ricerca delle pagine in lingua italiana.

Pagine catalogate e relativo aggiornamento

Catalogazione automatica

La catalogazione delle pagine avviene in modo automatico. Di solito ad ogni pagina vengono associate alcune parole chiave in base al suo contenuto: alcuni programmi scorrono il testo nelle sue parti principali (ad esempio i titoli) e registrano le parole che appaiono più frequentemente. Questa procedura automatizzata è suscettibile di particolari errori e può dar luogo a risultati inaspettati. Bene lo sanno i più esperti scrittori di pagine Web che conoscono particolari accorgimenti per rendere più visibili alcune pagine rispetto ad altre (⇨p. 80).

I vari motori si differenziano anche nella catalogazione: alcuni di essi, infatti, hanno sistemi più raffinati per estrarre dalle pagine informazioni rilevanti circa il contenuto ed è evidente che la potenza di un motore di ricerca si rivela anche nella capacità di centrare l'obiettivo in modo rapido, cioè nel fornire subito un certo numero di indirizzi di interesse per chi ha eseguito la richiesta. Per fare un esempio si consideri un motore a cui si chiede di elencare le pagine di Teoria dei Campi. Per chi conosce la matematica è evidente che l'argomento è uno dei settori della matematica stessa. Dal punto di vista testuale, però, la ricerca effettuata con le tre parole distinte potrebbe portare a risultati inaspettati, perché le parole Teoria e Campi sono abbastanza frequenti nell'italiano, e la parola dei lo è ancora di più (si può osservare che alcuni motori eliminano automaticamente dalle ricerche le parola con scarsa capacità discriminatoria come le congiunzioni e gli articoli). Un motore intelligente potrebbe (magari) con l'aiuto di un dizionario interno, riconoscere che le tre parole individuano un settore della matematica e, di conseguenza, fornire l'elenco delle pagine che contengono riferimenti a tale argomento.

L'ultimo aspetto che caratterizza i motori di ricerca è la loro interfaccia verso l'Utente, cioè il modo in cui il sito che permette di fare le ricerche è stato organizzato. Di norma, ogni sito di ricerca mostra una casella in cui inserire le parole che interessano e un pulsante da premere per avviare la ricerca. Si accede così automaticamente alla pagina dei risultati, di solito classificati per ordine di importanza decrescente. Ormai è consuetudine che i siti forniscano, oltre all'indirizzo vero e proprio alcune informazioni sulla pagina a cui si riferisce l'indirizzo (la lingua, la data dell'ultima modifica, le prime parole della pagina stessa o il titolo), in modo che chi scorre l'elenco sia in grado subito di capire se quella pagina è effettivamente interessante o meno. Quando i risultati sono molti, vengono ripartiti su più pagine, consultabili in successione (e in tal caso può succedere che la pagina cercata sia nelle pagine successive alla prima). Ci sono casi in cui una semplice ricerca non riesce a dare i risultati voluti. Per questo tipo di situazioni, i siti di ricerca offrono la possibilità di specializzare la richiesta in modo molto dettagliato: queste opzioni sono di solito disponibili

Interfaccia Utente

Ricerca normale
e "avanzata" sotto la voce **ricerca avanzata** (o simili). La ricerca avanzata permette di specificare meglio ciò che si cerca: per esempio, siti che contengono Teoria dei Numeri nel titolo, in lingua italiana, escludendo quelli che contengono la parola crittografia. In questo modo si spera di riuscire a restringere il campo della ricerca e ad avere prima i risultati voluti. Non ha senso spiegare in dettaglio come funzionano esattamente questi metodi di ricerca, perché essi sono diversi per ogni sito; inoltre su ogni pagina di ricerca c'è sempre la possibilità di accedere ad una pagina di aiuto nella quale sono spiegate in modo dettagliato e con semplici esempi le varie modalità di uso del motore.

Tanto per fare un esempio, la pagina di aiuto di **Altavista**,

www.altavista.com, fornisce alcune indicazioni:

Ricerca
per parole
La ricerca è influenzata dal maiuscolo: se si scrive California o CALIFORNIA il motore di ricerca restituirà rispettivamente solo le pagine Web in cui compare California o CALIFORNIA. Invece, se si inserisce california il motore restituirà tutte le pagine. In sostanza, il carattere maiuscolo è selettivo.

Ricerca
per frasi
Per includere una frase completa con il suo esatto ordine delle parole, la frase va racchiusa tra virgolette: se si scrive teoria dei numeri il motore cercherà le pagine che contengono le parole teoria, dei e numeri ma non necessariamente consecutive e nell'ordine proposto. Il motore, cioè, potrebbe rendere come pagina valida una pagina in cui sia contenuta la frase La matematica è una teoria che si occupa principalmente dei numeri. Per avere solo le pagine di Teoria dei numeri bisogna scrivere i termini tra virgolette.

Per richiedere (includere) forzatamente una o più parole bisogna farle precedere da un segno +. Così, per cercare tutte le pagine che contengono Einstein e Gauss si scrive +einstein +gauss. Potrebbe sembrare inutile un tale accorgimento, se si pensa che il motore cerchi sempre tutte le parole che noi indichiamo. Tuttavia, Altavista dà sempre un'importanza maggiore al primo termine e, in una ricerca con molti termini, potrebbe restituire anche pagine che contengono solo alcuni dei termini indicati. Analogamente, per escludere le pagine che contengono una parola, basterà farle precedere un segno "-". Per cercare tutte le pagine che contengono Gauss ma non Riemann scriveremo dunque +gauss -riemann. Quando non si è

L'uso
dell'asterisco
sicuri di come un termine è declinato all'interno della pagina si può ricorrere al **carattere jolly** (wildcard): l'asterisco. In una ricerca sulla microbiologia, indicare questo termine potrebbe essere troppo restrittivo; si perderebbero così tutte le pagine che contengono i termini microbiologico-, microbiologicamente e così via. Si può allora inserire come ricerca la parola micribiolog* che

istruisce il motore a restituire tutte le pagine che contengono una parola che inizia con "microbiolog" senza far caso alla desinenza.

Sono infine disponibili gli operatori logici **AND**, **NOT** e **OR** per consentire migliori precisazioni.

Come si vede, anche in un panorama molto ristretto, quello di un solo sito di ricerca, le opzioni disponibili sono tantissime e il loro uso è abbastanza semplice ed intuitivo.

Alcuni siti di ricerca si sono specializzati mediante la costruzione di raccolte ragionate dei siti web. Essi di solito propongono di limitare la ricerca ad una categoria la quale va scelta in un insieme ridotto che però ha il pregio di essere organizzato gerarchicamente.

Il primo e il più famoso di questi siti di ricerca è senza dubbio Yahoo! www.yahoo.com. Accedendo alla home page si trova un elenco di categorie molto generali. Selezionandone una si accede ad un sotto elenco più specializzato e così via fino a che si arriva all'elenco dei siti che più interessano muniti di un breve commento. Così facendo, la ricerca viene particolarmente facilitata, perché la metodologia risponde a schemi mentali consolidati e che tutti gli Utenti intuiscono immediatamente. Il lato negativo è che lo sforzo di catalogazione intelligente riduce l'ampiezza del database e quindi il numero di siti candidati al reperimento è sensibilmente inferiore a quello accessibile da un motore di ricerca tradizionale. In inglese questi siti sono chiamati **directories**.

Gli ultimi nati tra i siti di ricerca propongono anche soluzioni ibride tra le due appena descritte. Ad esempio, possono indicare gli indirizzi più rilevanti ai fini della ricerca e contemporaneamente fornire indicazioni sulle categorie che, probabilmente, sono di interesse. Oppure possono, sulla base di particolari logiche, suggerire altri indirizzi apparentemente collegati a quanto l'Utente sta cercando. Quando ogni motore esce alla ribalta, viene presentato come il più potente ed il più efficace, ma al di là del battage pubblicitario sono poche le novità che possono interessare l'Utente ordinario della Rete. Piuttosto, se proprio si vuole dedicare un certo tempo ai motori di ricerca, conviene imparare a costruire ricerche avanzate ed esaminare attentamente i risultati della ricerca (e gli eventuali errori).

Finora abbiamo parlato dei siti di ricerca orientati alle pagine Web, ma esistono altre informazioni che possono interessare l'Utente della Rete, in primo luogo gli indirizzi di posta elettronica. Anche per gli indirizzi di posta esistono particolari siti presso i quali si può inserire il cognome e il nome

Gli operatori logici

Le raccolte (directories)

Ricerca di indirizzi e-mail

dell'Utente desiderato ed ottenerne l'indirizzo di posta elettronica. Il rischio di omonimia è ovviamente alto ma, se non ci sono altre risorse per ottenere un indirizzo, questa può essere una strada da seguire. La ricerca delle persone può essere facilitata se si conosce l'organizzazione per cui la persona lavora. Per esempio, per cercare l'indirizzo di un docente universitario, può essere utile sfogliare le pagine Web della sua università o del suo dipartimento fino ad arrivare all'elenco dei docenti (che dovrebbe essere presente in tutti i siti di queste istituzioni).

Ricerca delle liste di discussione

Infine, altri motori sono dedicati alle liste di discussione. Segnalando l'argomento di interesse, il motore indica le liste di discussione che hanno tra gli argomenti di interesse quello inserito e di solito anche le procedure per iscriversi alla lista.

5.1.3 Ma chi paga i motori di ricerca?

Dopo un po' che si naviga ci si rende conto che il lavoro che sta dietro ad un motore di ricerca è enorme e si ha ragione di dubitare che questo lavoro sia svolto gratuitamente. Ma poiché gli Utenti del sito di ricerca non pagano, da dove arrivano i soldi per pagare i programmatori e i computer sui quali risiedono gli immensi database con le pagine archiviate? La risposta non può essere univoca. Innanzitutto, alcuni siti di ricerca propongono sulle loro pagine delle immagini pubblicitarie ed è chiaro che gli inserzionisti paghino per essere inseriti nelle pagine dei motori che sono tra le più visitate dell'intera Rete.

Costi e profitti nascosti

Bisogna inoltre osservare che gli inserti pubblicitari sul Web, i cosiddetti **banner**, permettono di saltare ai siti delle aziende pubblicizzate ed in questi il navigatore sarà indotto ad un esame approfondito dei prodotti aziendali ed, eventualmente, anche al loro acquisto in linea. In secondo luogo, i siti di ricerca sono un potente mezzo di indagine del Web: le società interessate a sapere come è fatto il Web, quali documenti sono contenuti in esso, in che modo questi documenti sono organizzati, e così via, possono essere molteplici. Ad esempio, una società di informatica che adotta per i propri prodotti la tecnologia Java, potrebbe migliorare la propria incisività sul mercato sapendo che i siti che usano Java sono per il 70% siti di

carattere tecnico. A questo punto, la società che gestisce il motore avrebbe come cliente la società informatica e il sito di ricerca sarebbe solo un "sottoprodotto" messo a disposizione di tutti gli Utenti di Internet con scopi essenzialmente autopromozionali. Non va dimenticato, a questo proposito, che, come abbiamo già detto nel capitolo 3 (⇨p. 25) quando due calcolatori stabiliscono un collegamento Internet, prima che uno di essi trasferisca il file richiesto avvengono alcuni scambi di informazioni. Tra queste informazioni, ad esempio, c'è il tipo di browser utilizzato per la navigazione: è fin troppo evidente che, registrando le chiamate ad un sito di ricerca si ottiene una statistica molto indicativa circa le preferenze degli Utenti. Infine, va osservato che i motori di ricerca, in conseguenza della loro enorme popolarità, attualmente si propongono come fornitori di servizi al mercato degli Utenti del Web, categoria di consumatori che conta circa 150 milioni di persone alla fine del millennio e che fra un quinquennio dovrebbe avvicinarsi al miliardo. Tra i primi servizi vi sono quelli di notificazione delle novità relative a determinati settori; a molte notificazioni possono essere collegate proposte di acquisto e quindi i motori di ricerca possono proporsi come intermediari commerciali 24 x 7 (24 ore al giorno, 7 giorni la settimana) con raggio d'azione planetario. In tale direzione, naturalmente, possono trovare come concorrenti i grandi **Internet provider** e i **portali**, cioè i siti in grado di esercitare azioni informative di ampio raggio e in grado di fornire servizi che prevedono sofisticati collegamenti con l'Utente ed eventualmente con terze parti (netcasting, transazioni finanziarie, richieste di interventi di servizi di consegna a domicilio, e così via).

Informazioni sulle novità della Rete

Un'altra operazione, meno cristallina, svolta da particolari compagnie è quella di vendere gli indirizzi di posta elettronica degli Utenti della Rete a compagnie che li utilizzano per fini esclusivamente commerciali. Questo può essere vero anche per i provider che offrono gratuitamente servizi vari (posta, spazio Web): anche se essi assicurano che gli indirizzi non verranno divulgati se non dopo l'autorizzazione del proprietario, non essendo la posta elettronica un mezzo intrinsecamente sicuro, esiste la possibilità che, fraudolentemente, qualcuno trasferisca gli indirizzi contenuti in qualche server di posta alle compagnie di marketing elettronico. Queste considerazioni devono fare riflettere sui problemi connessi alla sicurezza e sulla buona fede di chi offre gratuitamente qualcosa sulla Rete (⇨p. 51). Non si tratta di demonizzare alcune particolari iniziative: piuttosto, si vuole sottolineare che normalmente nessuno regala qualcosa che altri vendono e quando ciò succede ci deve essere per forza un tornaconto da parte di chi sostiene i costi. Conoscere in che modo tornano i conti di chi offre i servizi gratuitamente aiuta a capire perchè si deve pagare il prezzo inevitabilmente nascosto nell'operazione.

Mailing list come merce di scambio

In sintesi, si può dire che dietro ai siti di ricerca ci sono organizzazioni più o meno complesse che fanno della vendita di informazioni relative alla Rete un vero e proprio business. Se si pensa a quanto sono importanti nel mondo commerciale le indagini di mercato e se si riflette che per alcune particolari informazioni ottenute dalla Rete non si deve parlare di inferenza statistica basata su un campione più o meno ampio ma di un vero e proprio censimento, si intuisce quanto siano importanti i risultati che i motori di ricerca possono ottenere e quanto essi possano influire sullo sviluppo del commercio elettronico.

Cessione di informazioni

5.1.4 Come si fa una ricerca sul Web?

C'è qualche tecnica che si può imparare per migliorare i risultati che si ottengono nelle ricerche sulla Rete Internet. Quando, per esempio, i risultati ottenuti sono troppi (e questo accade sempre più spesso), si provi a raffinare la ricerca, introducendo altri termini più specifici (e si seguano le indicazioni per la ricerca avanzata ⇨p. 72). Se la ricerca non è particolarmente specifica, se cioè non si sta cercando proprio una pagina ma un sito o un argomento, si provi ad "accontentarsi" di altre pagine sulla quali si possono trovare link utili. Se la pagina richiesta è una novità, può darsi che alcuni servizi di informazioni on line diano direttamente un link alla risorsa desiderata, proprio perché immaginano che molti siano alla ricerca di quella determinata pagina (e hanno ovviamente interesse a far passare i navigatori dal proprio sito, presentandosi così come fornitori di informazione aggiornata).

Dove cercare

Dove è possibile, conviene specificare la posizione dove fare la ricerca e, di solito, conviene che questa sia il titolo della pagina proprio perché si spera che in questa parte della pagina l'autore abbia inserito i termini più significativi (e per lo stesso motivo è sempre consigliabile inserire nelle pagine che creiamo un titolo efficace per il reperimento). Allo stesso modo, anche se richiede un po' di tempo, conviene imparare qualche metodo di ricerca avanzata per arrivare al risultato: alcuni motori ignorano automaticamente le desinenze, e quando inseriamo matematica, restituiscono i documenti che contengono matematica, matematici, matematiche; altri ignorano le maiuscole. Tali comportamenti sono spesso utili, ma qualche volta sono da evitare (per esempio, se voglio cercare un certo signor Luigi Cavalli, sarebbe opportuno non avere in risposta le pagine dedicate ai quadrupedi). Tutti questi adattamenti sono di solito sempre possibili, ma sono sempre nascosti dietro la ricerca avanazata e richiedono, come si è detto, un po' di pazienza, almeno per la prima volta.

Infine, sono disponibili alcuni metamotori di ricerca, e cioè siti che effettuano automaticamente le ricerche su più motori di ricerca e restituiscono i risultati in forma compatta: questi **metamotori** sono molto utili perché risparmiano molto tempo all'Utente e (di solito) eliminano automaticamente gli indirizzi uguali. Combinando tutti questi strumenti, si può ragionevolmente sperare di riuscire a recuperare dalla Rete il maggior numero possibile di informazioni. Uno dei più famosi metamotori di ricerca è http://www.askjeeves.com/.

I metamotori

5.2 Importanza di un indirizzario personale

Già oggi si possono ottenere dalla Rete molte informazioni interessanti e qualche servizio utile. In un futuro neanche troppo lontano tutto fa prevedere una notevole crescita quantitativa dei contenuti e delle prestazioni di Internet. Si può anche sperare in una crescita della percezione delle potenzialità culturali di Internet e che questa comporti la possibilità di ottenere anche informazioni e servizi di elevata qualità.

Si può quindi prevedere che tra qualche anno essere in grado di utilizzare bene le potenzialità di Internet diventi una necessità primaria e diffusa. Per questo sarà necessario conoscere quali siti possono essere consultati utilmente in relazione alle diverse esigenze. Sarà utile anche sapere quali siti è opportuno evitare in quanto poco attendibili, pigramente aggiornati, lacunosi o poco obiettivi, oppure perché organizzati in modo disordinato o prolisso: quando si naviga è importante riconoscere gli ambienti nei quali si rischia di perdere tempo o di confondersi le idee.

La scelta dei siti con informazioni di qualità

È dunque piuttosto vantaggioso essere in grado di tenere sotto controllo una buona varietà di indirizzi Web.

Dall'altro punto di vista, gli organismi ed i gruppi che intendono collocare sul Web contenuti culturali di una certa portata dovranno avere coscienza dell'importanza delle raccolte degli indirizzi che mettono a disposizione dei lettori e del loro aggiornamento, aiutati peraltro dai visitatori di queste pagine di orientamento che possono contribuire alla loro buona gestione segnalando imprecisioni, carenze, modifiche e scomparse. Purtroppo molti link che si incontrano nelle pagine Web si comportano come i mutanti più infidi di certi racconti di fantascienza. Come si è già detto altrove, è notevole il rischio della confusione dovuto ai cambiamenti ed alle espansioni del materiale disponibile su Internet ed al cambiare ed al crescere delle esigenze degli Utenti della Rete. Questa frenesia evolutiva non è però grave per quanto riguarda la matematica:

secondo la buona tradizione i matematici procedono nella organizzazione dei loro siti forse poco rapidamente ma con poche concessioni alle bizzarrie.

Biblioteche virtuali

Ogni persona che cominci a consultare con una certa regolarità il Web sente subito la necessità di disporre di un buon indirizzario dei siti e delle pagine che lo possono interessare. L'ampiezza e, talora, l'utilità delle informazioni che si possono ricavare dal Web ormai inducono molti navigatori a formarsi una loro biblioteca virtuale. In relazione a questo, gli odierni browser mettono a disposizione alcuni strumenti che facilitano la raccolta, l'organizzazione e l'aggiornamento degli URL.

A questo proposito gli URL sono chiamati **segnalibri**, secondo la metafora che vede il Web come un enorme libro costituito da milioni di pagine e gli URL come strumenti con la funzione di facilitare il ritrovamento delle pagine che maggiormente possono interessare. I meccanismi di gestione dei **bookmark** non si limitano a permettere di lavorare su un elenco di indirizzi, ma consentono di organizzarli ad albero, come accade per tutti gli odierni sistemi operativi che permettono di organizzare i file in alberi di cartelle (o **directories**).

Quando, navigando sul Web, si scopre un nuovo sito interessante, si può registrare immediatamente il suo indirizzo, cliccando su un apposito bottone del browser e quindi, scegliendo in quale cartella dell'albero collocare l'indirizzo corrente.

All'interno dell'albero gli URL vengono individuati dai titoli delle rispettive **pagine HTML**. Spesso queste scritture originali sono poco significative o addirittura ambigue per l'Utente, in quanto assegnate per distinguere una pagina nell'ambito di un sito del quale fa parte. L'Utente può però modificare queste scritture in modo che risultino significative per la sua visione del complesso degli indirizzi che vuole archiviare. Se vuole rivedere una pagina registrata occorre ritrovare la corrispondente scrittura nell'albero dei segnalibri: questa ricerca, se l'albero è molto esteso e non è organizzato rispettando criteri sufficientemente chiari, può essere faticosa ed anche senza frutto. Trovata la scrittura si può leggere l'URL sottostante (essa viene fatta comparire in una finestrella accanto al cursore) al fine di controllarne la ragionevolezza. Per richiamare la pagina basta poi un clic. Il tempo necessario perché essa cominci a comparire sulla finestra del browser può variare ampiamente, in quanto esso dipende dal numero di byte costituenti il documento da trasferire, dal percorso che questi devono effettuare sulla Rete globale e dalla disponibilità attuale delle apparecchiature che effettuano il trasferimento.

Se il collegamento non è attivo al momento della richiesta della pagina, il browser ricorre alla pagina che ha memorizzato nelle precedenti navigazioni: anche se la pagina potrà non essere aggiornata, in qualche caso questo difetto non sarà evidente (soprattutto per le pagine dal contenuto intrinsecamente statico).

Le procedure per la gestione dei segnalibri rendono disponibili varie manovre per la riorganizzazione di queste collezioni di indirizzi strutturate gerarchicamente: eliminare indirizzi che hanno perso di interesse o sono scomparsi, spostare URL ed intere cartelle dentro un albero o un sottoalbero, fondere o suddividere le cartelle. Si tratta di procedimenti simili a quelli che permettono di gestire i file registrati su dischi: in effetti le prestazioni attuali (o prevedibili) dei collegamenti fra computer permettono di vedere la Rete come un contenitore di risorse che estendono quelle disponibili sul disco del nostro PC. È proprio seguendo questa analogia che i designer del sistema operativo Windows hanno unificato le interfacce dei programmi per esplorare il contenuto dei dischi di un computer con quelle dei browser.

La organizzazione del proprio albero dei segnalibri può presentare delle difficoltà quando si vogliono avere sottomano parecchi indirizzi. Può accadere spesso di non riuscire a ritrovare facilmente un indirizzo di un sito che potrebbe essere stato collocato in cartelle diverse: ad esempio, una pagina contenente una applet che presenta dei triangoli tracciati su una superficie non piana potrebbe comparire in una cartella riguardante la didattica della matematica, in una concernente la geometria o in una riguardante i siti della nazione dell'autore della pagina stessa. Per evitare questi dubbi, certi indirizzi potrebbero essere copiati in più di una cartella ma questa procedura appesantisce l'albero dei bookmark, sia perché gli fa consumare più memoria (cosa che oggi in genere conta piuttosto poco), sia perché lo rende più lungo da esaminare (e questo può costituire uno svantaggio di rilievo).

Il raggruppamento degli indirizzi in categorie

Piuttosto che come un albero, una collezione complessa di indirizzi Web potrebbe essere meglio come Rete di indirizzi opportunamente aggregati ed arricchiti di rimandi alternativi nella forma di vedi "anche..." . Questo può farsi naturalmente mediante pagine HTML: l'organizzazione di queste pagine richiede però un impegno non trascurabile, sopprattutto quando si deve affrontare il problema dell'aggiornamento degli indirizzi, ma per quelli che hanno abbastanza dimestichezza con il linguaggio il suggerimento è sicuramente validissimo.

Aggiornamento degli indirizzari

Quello dell'aggiornamento delle informazioni disponibili in Rete è un problema assai critico. In effetti, il materiale disponibile in Rete si evolve molto rapidamente per le effettive necessità di seguire le innovazioni dei contenuti e dei contenitori (ovvero delle tecniche e dei linguaggi secondo i quali sono organizzate le pagine Web) e per il continuo crescere dei siti. Questo comporta effetti di deterioramento di varie parti del Web in quanto molti autori di pagine Web hanno cattive abitudini come il non preoccuparsi di mantenere le proprie pagine accessibili dopo certe modifiche dell'ambiente nel quale si trovano (riorganizzazione del sito o del server) ed il non aggiornare adeguatamente le pagine contenenti rinvii ad altre pagine che hanno subito spostamenti o rifusioni.

Le soluzioni di questi problemi, come per buona parte dei problemi riguardanti la Rete, vanno cercate nelle due direzioni della cooperazione e del miglioramento tecnologico. Innanzi tutto è auspicabile che si formino gruppi di Utenti del Web con interessi e competenze simili o parzialmente complementari i quali condividano raccolte di indirizzi e si spartiscano il compito di organizzare diverse gruppi di URL. Una tendenza in questa direzione, in fondo, ha condotto ad arricchire ogni sito personale con elenchi di link anche estesi: spesso però questi elenchi servono solo a fornire suggerimenti estemporanei, e raramente riescono a dare indicazioni che rispondono ad esigenze specifiche: sono relativamente pochi i siti contenenti pagine orientative effettivamente esaurienti per specifici settori di interesse.

Per il futuro c'è da sperare in un miglioramento delle abitudini degli autori e nell'adozione di atteggiamenti e strumenti che aumentino la fruibilità del materiale in Rete. Ricordiamo a questo proposito la raccomandazione all'utilizzo dei **metadati** che consentiranno di servirsi di motori di ricerca e di agenti per la Rete più efficienti. Inoltre, negli ultimi tempi si vanno diffondendo procedure tese a migliorare la accessibilità effettiva di pagine costruite con un certo impegno.

I servizi di segnalazioni

Vi sono siti (ovvero **server di Rete**) organizzati in modo avanzato, ai quali ogni Utente del Web può chiedere che gli siano inviate informazioni sugli aggiornamenti delle pagine che il server stesso mette a disposizione. Ad esempio, vi sono archivi di **preprint** che inviano le segnalazioni sopra le pubblicazioni delle quali si sono arricchiti nell'ultima settimana o nelle ultime 24 ore, limitandosi a determinati settori selezionati dall'Utente. Dietro richiesta, molte case editrici segnalano l'uscita di nuovi libri afferenti a date materie o appartenenti a determinate collane. Similmente le industrie di software sono ben liete di avvisare dell'uscita di ogni nuova versione dei loro pacchetti ed industrie di ogni genere non perdono occasione per segnalare i loro nuovi prodotti o le loro più recenti confezioni.

Questo fenomeno di invio di segnalazioni attraverso il Web sta assumendo dimensioni molto estese e presenta molti aspetti caratteristici. Innanzitutto, esso non va confuso con l'analogo della posta ordinaria per il buon motivo che mentre la spedizione di una lettera comporta comunque un certo costo, l'invio di un messaggio e-mail è praticamente gratuito e quindi non costituisce un costo altrettanto oneroso per il mittente. Esso ha senza dubbio un potenziale molto alto: poter ricevere a casa propria le notizie riguardanti solo le cose che veramente interessano, eliminando il "rumore" costituito dalle altre notizie, è sicuramente uno strumento formidabile per l'informazione rapida ed efficace. La cosa è positiva anche per chi invia: anche le piccole realtà possono in questo modo aspirare ad un riconoscimento diffuso, proprio perché la Rete, non conoscendo confini geografici né limiti fisici, raggiunge allo stesso modo le persone vicine e quelle lontane. Tuttavia, occorre anche rendersi conto che l'aspetto della diffusione delle informazioni specifiche sfuma spesso nella propaganda pubblicitaria e che occorre saper distinguere l'arricchimento di informazioni utili dalla imposizione di una visione tesa alla vendita dei prodotti.

Il modo più diffuso per inviare queste segnalazioni si basa sulla semplice, ed ormai classificabile come tradizionale, posta elettronica: praticamente tutti gli Utenti del Web dispongono di una o più caselle di posta elettronica e se ne servono regolarmente. Si vanno, inoltre, diffondendo strumenti più complessi ed evoluti riguardanti il cosiddetto **netcasting**, cioè la diffusione mirata di informazioni attraverso Internet. I sistemi di netcasting prevedono un sito centrale in grado di fornire informazioni a siti periferici, dotati di appositi programmi in grado di accogliere e sistemare opportunamente le informazioni ricevute. Mediante strumenti di netcasting si possono avere sia informazioni concise di segnalazione di aggiornamenti, sia pagine ed interi siti. Le informazioni ricevute possono essere automaticamente sistemate sul computer dell'Utente in modo da poter essere utilizzate direttamente, senza richiedere ulteriori interventi. Gli strumenti di netcasting sono disponibili nelle versioni più recenti dei browsers ed in questo assetto possono essere considerati fattori per il miglioramento degli indirizzari. Il netcasting, fin dal suo primo apparire, intorno al 1997, aveva suscitato aspettative di vasta portata che però, finora, non hanno avuto i riscontri sperati, probabilmente perché, per motivi non solo tecnologici, la Rete non era ancora matura.

La diffusione delle informazioni via e-mail

Il netcasting

Occorre osservare che queste operazioni vengono eseguite senza trasferimenti e consumi di materiali fisici e con minimo intervento umano. Le richieste di un Utente di essere informato sugli aggiornamenti di un sito distributore di informazioni, di prodotti ed eventualmente di servizi, vengono definite riempiendo dei moduli interattivi contenuti nelle pagine Web del distributore. Tutte le operazioni successive sono portate avanti dalle procedure di netcasting del distributore o istallate sul computer dell'Utente senza che questi debba effettuare interventi impegnativi. Gli aggiornamenti dei bookmark e delle directories contenenti pagine HTML dell'Utente sono automatici e richiedono semplici conferme. Tutto questo si può interpretare come una serie di passi evolutivi della Rete che vengono effettuati con il minimo onere umano: si parla quindi di Rete che si evolve grazie a proprie capacità.

Dibattiti sull'evoluzione della Rete

A questo proposito alcuni studiosi paragonano l'evoluzione della Rete globale all'evoluzione della biosfera, con la comparsa di organismi e di biosistemi sempre più evoluti. Questa posizione, per contro, viene criticata perché troppo visionaria, ingenuamente progressista e, magari, funzionale a qualche campagna pubblicitaria. Naturalmente, in un dibattito su questi temi non mancano di intervenire persone, in genere di estrazione strettamente umanista, che si dichiarano preoccupate di possibili involuzioni tecnologico-autoritarie, richiamando alla memoria alcuni tristi fatti del recente passato senza peraltro informarsi con un minimo di serietà dei meccanismi in discussione. Purtroppo, sempre a causa della rapida evoluzione del settore, è presumibile che in futuro tali sterili dibattiti sui massimi sistemi continueranno a ripresentarsi.

I portali

Più di recente si è assistito al crescere di importanza dei cosiddetti **portali**, siti sostenuti con grandi mezzi e grandi organizzazioni che si propongono di fornire informazioni e servizi di ampio spettro e di attrarre nella propria orbita Utenti che si rivolgano prevalentemente, se non esclusivamente, al portale stesso. Il meccanismo è semplice: questi siti si propongono come home page per i navigatori per cui, al momento dell'apertura del browser, esso si collega direttamente al portal che mostra la sua pagina, tipicamente personalizzata in base alle caratteristiche dell'Utente e che, attraverso di essa, suggerisce i percorsi che dovrebbero essere di maggior interesse. Stanti le possibilità del Web, e pensando in particolare alla sua transnazionalità, si può prevedere che queste iniziative in futuro abbiano sempre maggiore influenza. Occorre comunque essere consci che si tratta di iniziative prevalentemente commerciali e quindi che la visione del Web attraverso questi strumenti può essere distorta per ovvi motivi di convenienza da parte di chi ne detiene il controllo.

Infine, vale la pena ricordare che l'organizzazione del Web è in continua evoluzione e, in particolare, sono allo studio nuovi tipi di link e nuovi meccanismi di istradamento ed organizzazione delle informazioni che renderanno il Web dei prossimi anni sempre più efficace e versatile.

5.3 Come organizzare un proprio indirizzario

Presentiamo ora alcuni consigli per l'organizzazione di un indirizzario per il Web. L'Utente al quale si immagina rivolto il discorso è una persona che si propone di consultare spesso il Web spesso per informarsi su vari aspetti della matematica e delle discipline collegate. Dietro il discorso che segue vi è quindi la convinzione che nei prossimi anni l'interesse per Internet cresca notevolmente, in particolare negli ambienti scolastici.

Il nostro Utente quindi, oltre che dei motori di ricerca, intende servirsi in misura rilevante di un albero di segnalibri configurato sulle proprie esigenze. I consigli che seguono potrebbero servire anche ad un piccolo gruppo di persone con interessi simili che hanno deciso di collaborare per riuscire ad utilizzare il Web ad un buon livello. Anche per la preparazione ed il mantenimento di un albero di segnalibri la cooperazione e lo scambio di esperienze e di files sono decisamente raccomandabili.

Un primo consiglio riguarda l'opportunità di rendere accessibile molto rapidamente una scelta molto ristretta di indirizzi (da 5 a 10 o pochi di più) che si pensa vengano utilizzati più frequentemente degli altri, senza preoccuparsi se abbiano o meno obiettivi e caratteristiche diverse. Può essere vantaggioso far comparire questi indirizzi di "prima fila" su una barra o in una cartella che il browser mette a disposizione per tali puntatori, oppure disporli in una apposita pagina HTML richiamabile facilmente. Questa potrebbe essere registrata sul disco rigido del PC o della workstation utilizzata dall'Utente: già collocarla su un server di Rete potrebbe risultare meno efficiente.

Ecco un esempio dei tipi di pagine che potrebbero comparire in questa sorta di pole position.

Le pagine HTML nelle quali sono rintracciabili alcuni indirizzi di elevato interesse, anche se inferiore a quello delle pagine di prima linea. Queste pagine potrebbero essere essere redatte dall'Utente stesso o da qualche collega con interessi vicini o da qualche organismo che si incarica di curare ed aggiornare pagine in grado di orientare gruppi consistenti di na-

Le pagine di interesse

vigatori con interessi in settori determinati. Una di queste pagine potrebbe appartenere al sito di un organismo al quale l'Utente fa riferimento (la sua scuola, un istituto universitario, un'associazione culturale o professionale, un circolo locale di appassionati di Internet, e così via). Essa potrebbe anche far parte di un sito curato da una grande organizzazione (un Internet Provider, un'industria, un giornale, una associazione culturale nazionale o internazionale) che ha come compito oppure trova finanziariamente vantaggioso il rendere di dominio pubblico delle buone facilitazioni alla navigazione.

Le pagine di news Qualche **pagina di awareness**. Si chiamano così le pagine che segnalano gli eventi di qualche genere che interessano il nostro Utente (ad esempio, seminari su determinati argomenti e corsi di aggiornamento che si svolgono in una certa regione).

Pagine che presentano e conservano **news** riguardanti settori specifici: esse potrebbero essere messe a disposizione da un giornale di diffusione nazionale, da una rivista di associazione, da un gruppo di lavoro apposito, da un ente locale. In particolare, molti considerano di elevato interesse le notizie riguardanti le innovazioni nella **Information Technology**, e soprattutto nel suo settore attualmente più dinamico, Internet: queste notizie potrebbero essere utili quando si volesse cambiare il computer e, più in grande, per sapere quali cambiamenti si avranno nel mondo nel quale viviamo. Qualcuno potrebbe invece essere interessato quotidianamente a notizie riguardanti la borsa, la meteorologia, le occasioni di lavoro temporaneo, le iniziative della Comunità Europea, uno sport o qualche genere di spettacolo.

Le home page di pubblicazioni cartacee e on line Per i cultori di molte scienze sono di primaria importanza le riviste di recensioni ed abstract, chiamate anche **basidati bibliografiche**. Per la matematica ve ne sono due molto autorevoli e da alcuni anni accessibili in linea attraverso interfacce di elevata efficienza: **Zentralblatt für Mathematik**, nata e tuttora curata in Germania con la collaborazione di alcuni gruppi europei, reperibile in Rete come Zentralblatt MATH Database o in breve MATH; la seconda è **Mathematical Reviews** della American Mathematical Society accessibile come MathSciNet, Mathematical Reviews on the Web. Inoltre, è disponibile una importante rivista di recensioni per la didattica della matematica, **Zentralblatt für Didaktik der Mathematik**, con radici tedesche e curata anche dalla European Mathematical Society; anch'essa è disponibile come basedati in linea con il nome di **MATHDI database**.

Raccolte normative Altre pagine "calde" potrebbero riguardare siti nei quali vengono raccolte informazioni non necessariamente recenti che l'Utente consulta e studia con una certa regolarità. Le possibilità di questo genere sono tante e vanno crescendo: raccolte di documenti legislativi e normativi, archivi di dati statistici, collezioni di articoli scientifici, cataloghi di case editrici e di biblioteche, libri disponibili in Rete, materiale riguardante la storia della matematica.

Le home page delle riviste elettroniche alle quali il nostro Utente ha accesso o in quanto sottoscrittore dei relativi abbonamenti, o perché si tratta di pubblicazioni disponibili gratuitamente. Ormai queste riviste sono piuttosto numerose; la scelta di quali rendere accessibili rapidamente dipende dagli interessi specifici dell'Utente.

Come consultare le riviste elettroniche

È naturale che, all'interno di questi indirizzi ci sia un certo avvicendamento. In particolare, si potranno tenere in evidenza gli indirizzi relativi a conferenze alle quali si desidera partecipare, allo scopo di tenersi informati sul programma che si va definendo nelle settimane che precedono la manifestazione. Concluso l'evento, il relativo indirizzo potrà passare in una cartella riguardante conferenze passate sulle quali potrà essere utile tornàre di tanto in tanto. Inoltre, data la frequenza delle modifiche e delle scomparse delle pagine e dei siti Web, deve cambiare la visione che il singolo Utente ha del Web e della sua struttura: è naturale che questa evoluzione continua si rispecchi in continui aggiornamenti dell'elenco degli indirizzi. Durante una navigazione si potrebbero scoprire cambiamenti di indirizzi o scomparse di siti dei quali conviene tenere conto immediatamente, senza uscire dal browser. Potrebbe viceversa scoprirsi un sito di grande interesse mai visto prima, oppure incontrare una nuova iniziativa che ci apre interessanti prospettive. Ad una tale scoperta può risultare conveniente dare una registrazione provvisoria: una sistemazione migliore potrà essere data successivamente, insieme ad altri cambiamenti dovuti, ad esempio, al calo di interesse di altri siti, oppure alla opportunità di risistemare intere cartelle o sottoalberi di bookmark per la maturazione di una visione diversa dell'utilizzo di Internet.

Concludiamo il discorso sugli indirizzi di maggiore utilizzo ricordando che quando si installa una nuova versione di un browser si dispone di un albero di segnalibri con il quale il produttore propone agli Utenti una sua visione dei siti più interessanti del Web.

Taluni degli indirizzi proposti spesso rappresentano suggerimenti assai utili; molti però risultano di scarso interesse, in quanto questi segnalibri sono scelti pensando soprattutto ad un Utente americano presumibilmente poco interessato ai temi culturali che possono attrarre studiosi o studenti che vogliono, o devono, occuparsi di matematica. Inoltre, questi al-

Gli indirizzi proposti dai produttori di browser

beri di segnalibri fanno parte di una strategia di marketing che
attualmente è tesa principalmente ad indurre una grande
quantità di Utenti ad affidarsi alle iniziative riguardanti il Web
dell'azienda che produce e distribuisce gratuitamente il browser. È quindi caldamente consigliabile intervenire su questi alberi di segnalibri preconfezionati per collocarvi in posizioni
adeguate gli indirizzi che rispecchiano le proprie esigenze
personali.

Vediamo ora come potrebbero essere disposti i molti altri
indirizzi di uso presumibilmente meno frequente. In linea generale è consigliabile organizzare questi URL in accorpamenti
omogenei, al fine di non incontrare eccessive difficoltà quando si vogliono recuperare indirizzi da tempo non richiamati.

**Un esempio
di struttura
ad albero**

Alcune cartelle dell'albero potrebbero essere dedicate ad
organismi dei diversi generi: scuole, istituti universitari, laboratori di ricerca, associazioni, biblioteche, case editrici, fornitori di prodotti e servizi che possono interessare sul piano
professionale oppure per il tempo libero. Forse, una cartella
potrebbe essere dedicata ad organismi di generi diversi ma caratterizzati dall'avere importanza medio-alta, vuoi per autore-
volezza, vuoi per vicinanza culturale o geografica.

Per gli organismi di un gruppo particolarmente affollato
potrebbe essere opportuna un'organizzazione gerarchica mediante un apposito sottoalbero di segnalibri. Ad esempio, un
insegnante potrebbe curare gli indirizzi di istituzioni ed iniziative che si dedicano alla didattica della matematica e della fisica disponendoli per distribuzione geografica o per generi delle specializzazioni.

Nell'attuale fase della evoluzione del Web rivestono grande
importanza i siti curati da singole persone (forse fra qualche
anno saranno disponibili grandi complessi di pagine curati da
organismi costituiti con chiare finalità di potenziamento del
materiale culturale sul Web e gran parte dei siti personali saranno considerati solo di interesse episodico). Attualmente
può essere utile frequentare vari siti personali; per i relativi indirizzi valgono le considerazioni sull'organizzazione di sottoalberi di segnalibri presentate per gli organismi. Anche per i
siti su Web di portata personale potrebbe essere opportuno
curare una cartella con gli indirizzi ritenuti più interessanti ed
organizzare un sottoalbero che segua criteri gerarchici e clas-
sificatori sufficientemente chiari.

Altre cartelle di segnalibri potrebbero essere dedicate ad
argomenti di particolare interesse per ospitare indirizzi di soggetti di natura anche molto diversa (dagli istituti alle case editrici, dai libri in linea ai cicli di conferenze, dalle persone alle
liste di discussione), ma comunque in grado di fornire infor-

mazioni utili sopra un tema determinato. Disponendo di un albero con questi vari tipi di cartelle, può essere opportuno far comparire molti segnalibri replicati in diverse posizioni dell'albero stesso.

Ad ogni Utente che si serve molto di Internet è consigliabile di disporre di cartelle di transito per indirizzi di recente scoperta, in attesa di una loro meditata collocazione: in tali cartelle potrebbe essere utile collocare gli indirizzi di pagine Web finalizzate alla rassegna delle novità in settori specifici dalle quali si pensa di poter ricavare con una certa regolarità segnalazioni di nuove iniziative. Altre cartelle, viceversa, potrebbero essere dedicate ai siti il cui interesse è diventato secondario, ma che si vogliono mantenere recuperabili perché meritevoli di rivisitazione oppure di memoria storica. Per queste cartelle in genere la ripartizione temporale è la più opportuna.

A proposito delle pagine da conservare per la rilettura, occorre preoccuparsi della loro possibile scomparsa dal Web. Spesso accade di non riuscire più a rileggere un discorso di elevato interesse in quanto cancellato da qualche webmaster preoccupato di non avere il sito occupato da materiale demodé. L'ansia di innovazione che si incontra sul Web, in linea di massima lodevole, ha anche effetti negativi come i suddetti: a volte la perdita di certi documenti meno recenti ha il sapore di certe distruzioni provocate dai palazzinari senza scrupoli che infestano la nostra penisola. Occorre osservare inoltre che questi fenomeni di instabilità, insieme a quelli dell'invadenza delle immagini e delle animazioni fini a se stesse, dei toni pubblicitari e di una certa indifferenza nei confronti dell'ortografia, hanno spesso allontanato dal Web molti studiosi contrariati dalla sensazione che sul Web tenda a prevalere l'effimero e sospettosi della difficoltà di cittadinanza sul Web di contenuti culturali e di discorsi attendibili.

Attualmente solo gli organismi maggiori si preoccupano di tenere traccia storica di quanto hanno messo a disposizione sul Web: questo medium sembra essere ancora troppo giovane e troppo mutevole per avere sviluppata una propria adeguata consapevolezza storica. Si deve inoltre osservare che in molte circostanze l'accesso alle pagine Web è ancora molto lento e molti suoi collegamenti sono ancora piuttosto fragili, soprattutto per le necessità di frequente rinnovo delle infrastrutture imposto dalla continua crescita dei traffici e dalle periodiche proposte di nuovi migliori strumenti. Di conseguenza, in molte sedute non si riesce ad ottenere delle pagine che successivamente ritorneranno visibili. Può dunque essere opportuno che un Utente (meglio ancora un gruppo di Utenti) si preoccupi di raccogliere sopra un suo disco rigido, sopra le memo-

La scomparsa delle pagine dal Web

rie di massa di un server o anche su un CD-ROM o sopra un supporto di back-up pagine catturate dalla Rete che si vogliono riutilizzare localmente senza rischi di attese lunghe o addirittura vane.

Le biblioteche digitali ipertestuali

A questo proposito, per taluni ambienti e per talune situazioni, si può auspicare, a livello più impegnativo, la costituzione di quelle che si possono chiamare **h-teche**, biblioteche digitali ipertestuali formate da pagine HTML in prevalenza prelevate dalla Rete. Le attuali capacità delle memorie di massa dei PC di costo contenuto consentono di raccogliere grandi quantità di documenti che possono in seguito essere riutilizzati con il minimo onere operativo e finanziario. La cura di una h-teca potrebbe essere particolarmente vantaggiosa in una scuola. Una buona h-teca non si dovrebbe ridurre ad una collezione di files HTML, ma andrebbe completata con pagine ricche di links contenenti presentazioni, panoramiche, giudizi di pertinenza, indici e glossari.

Ci si deve inoltre rammaricare che non sia ancora emersa l'opportunità di raccogliere con criteri di sistematicità su supporti come i CD-ROM ed i più recenti DVD, digital video disk, pagine HTML su temi culturali ben definiti da mettere a disposizione come si fa per le raccolte di reprint. Iniziative di questo genere sembrano limitate alle versioni su CD-ROM di riviste scientifiche che si affiancano a quelle su carta ed a quelle fruibili tramite Web, nonché alle raccolte di programmi (spesso nelle versioni non recenti) che affollano le edicole e gli scaffali dei computer shop. Questo affollamento, tra l'altro, è sintomo della facilità con la quale si possono realizzare queste raccolte di documenti.

Tornando ai consigli per la organizzazione dei segnalibri per uso personale o per un gruppo di lavoro, osserviamo che può essere utile dedicare qualche cartella ad indirizzi di utilità pratica e riguardanti il tempo libero come: orari ferroviari, pagine di fornitori, servizi meteorologici, informazioni regionali, siti contenenti indicazioni su videogiochi, spettacoli, sport o musica, fotografie. Il Web è ormai troppo ricco di contenuti e troppo pervasivo perché abbia senso, anche nelle scuole, imporre che venga utilizzato esclusivamente per fini culturali e professionali.

In sintesi

In questo capitolo abbiamo mostrato che cosa sono e come funzionano i motori di ricerca, gli strumenti che permettono di trovare le informazioni sulla Rete. Sono state anche spiegate alcuni particolari caratteristiche di questi particolari ambienti e sono stati forniti alcuni suggerimenti utili per l'esplorazione del Web.

Particolare attenzione è stata dedicata all'organizzazione delle informazioni della Rete dal punto di vista di chi deve in qualche modo organizzarla per la propria navigazione. La creazione di un proprio elenco di indirizzi utili è uno strumento potenzialmente molto efficace ma deve tenere conto delle particolari caratteristiche del mezzo e degli strumenti che esso già offre (netcasting, portal).

Infine, sono stati forniti alcuni suggerimenti per organizzare il proprio archivio di indirizzi Internet, con riguardo ad un Utente "tipo" interessato alla matematica, e per la sua gestione dinamica.

6 Produzione di materiale matematico

A. MARINI

6.1 Il linguaggio HTML

6.1.1. Generalità

HTML, acronimo di **Hyper Text Markup Language**, è un linguaggio per la costruzione di documenti ipertestuali, cioè di testi destinati ad essere utilizzati interattivamente attraverso lo schermo di una apparecchiatura informatica sotto il controllo di un programma che ne consente la lettura non sequenziale. Questo linguaggio, ideato da Tim Berners-Lee nel 1991, nel giro di pochi anni ha assunto grandissima importanza, in quanto su di esso si basa la maggior parte del materiale accessibile sul WWW, la componente attualmente più efficace, frequentata ed articolata di Internet.

L'HTML è standard. Il comitato internazionale che presiede alla stesura delle documentazioni ha predisposto alcuni standard per il linguaggio; l'ultimo di questi è la versione 4.0. Le specifiche sono disponibili sulla Rete e nei moltissimi libri che si trovano in commercio sull'argomento. Va detto che il rapido successo dell'HTML ha messo a nudo, con altrettanta rapidità, i limiti intrinseci di questo linguaggio. Per molti versi, il supe-

Linguaggio standard

ramento di questi limiti è racchiuso nella definizione di un nuovo linguaggio, l'**XML, Extensible Markup Language**).

Un documento HTML è un file costituito solo da un testo espresso mediante caratteri ASCII che, nella situazione più semplice, risiede sul disco di un computer e viene utilizzato richiedendone la visualizzazione sullo schermo dello stesso computer per opera di un browser. Attualmente il visore più utilizzato è Internet Explorer di Microsoft.

Come scrivere in HTML

Introducendo HTML è dunque necessario distinguere fra i file sorgente redatti secondo le regole di tale linguaggio, file che possono essere costituiti solo da caratteri ASCII di base, e le pagine consultabili interattivamente su schermo, costruite da un browser o da un altro visore a partire dai suddetti file. I file sorgente sono caratterizzati dalle estensioni .HTML o .htm e possono essere ottenuti in vari modi:

Text editor

- Attraverso l'uso di un qualsiasi text editor ASCII (come **Notepad**, **Write**, **Wordpad**, **VI**, **Multiedit**, etc.). In questo caso l'autore si deve preoccupare di tutti i dettagli del testo e deve avere una buona conoscenza del linguaggio;

Web editor

- con un cosiddetto Web Editor (**Composer di Netscape**, **Front Page** di Microsoft, **Home Page** di Claris, **Visual Page** di Symantec, **Dreamweaver** di Macromedia, etc.). I Web Editor sono programmi che permettono di costruire le pagine con una tecnica interattiva del genere **WYSIWYG** (**What You See Is What You Get**). Un Web Editor consente di comporre un documento vedendolo in una forma poco diversa da quella in cui sarà visualizzato dai browser. In questo modo si possono produrre rapidamente pagine semplici, senza un approfondimento preliminare delle caratteristiche del linguaggio, ma procedendo per tentativi ed operando con atteggiamento empirico; questo modo di fare però non consente di utilizzare tutte le possibilità ed obbliga a seguire la particolare visione di HTML adottata dal produttore del Web Editor utilizzato;

Word Processor

- con text editor e programmi di utilità nati prima di WWW e che a partire dal 1997 si sono arricchiti di funzionalità di esportazione dei loro documenti in versioni HTML. Questo è il caso, per esempio, dei word processor **Word** di Microsoft e **Wordperfect** di Corel, di fogli elettronici come **Excel** di Microsoft e **Quattro** di Corel, di programmi per basi di dati come **FileMaker**. Questa modalità consente di servirsi di uno strumento appreso per altri scopi, spesso operando con modalità WYSIWYG, e permette di collocare sul WWW materiali preesistenti. Anche in questo caso, è necessario segnalare che, così facendo, si è costretti a seguire le modalità stabilite dal produttore del programma per la traduzione in HTML del documento interessato. Con l'occasione, segnaliamo che la traduzione in HTML e lo spostamento sul Web di parti sempre più consistenti della documentazione di privati, enti, aziende, etc. costituisce un importantissimo passo in avanti verso l'obiettivo di un archivio globale di informazioni che sia effettivamente standard. Nel passato, infatti, si sono susseguite numerose proposte per lo scambio e l'archiviazione delle informazioni ma tutte, prima o poi, sono cadute vittime della mancata standardizzazione (formati adatti per un tipo di macchine potevano non esserlo per altre). Il Web è per la prima volta uno standard di fatto adottato in tutto il mondo e come tale il suo potenziale è inestimabile;

- con traslatori e convertitori verso HTML, programmi che trasformano in ipertesti per il Web file predisposti seguendo regole particolari ma con un lavoro sensibilmente meno faticoso di quello richiesto dalla redazione dei documenti HTML definitivi. Tra questi ne segnaliamo alcuni che consentono di avere pagine Web con contenuti matematici: i convertitori **TeX2HTML** e **LaTeX2HTML**, **Techexplorer** della IBM, il traslatore **TtHMML** da **TeX** e **LaTeX** ad HTML con **MathML**, la collezione di strumenti **WebEQ**. *(Traslatori e convertitori)*

6.1.2 Struttura di un documento HTML

Il termine Hyper-Text Markup Language si può tradurre con "linguaggio a marcatori per ipertesti". Si tratta di un linguaggio artificiale finalizzato alla redazione di documenti ipertestuali che si serve sistematicamente di **marcatori**, cioè di scritture convenzionali che si inseriscono nel documento, che riguardano brani del materiale da presentare (frasi, elenchi, disegni, immagini, suoni, etc.) e che specificano come tali brani devono essere organizzati nella pagina che costituisce la presentazione del documento per lo schermo.

I marcatori hanno una presenza importante nei documenti HTML, che per questo vengono ad essere fortemente strutturati. La struttura di un documento HTML è descrivibile con un albero (più correttamente si dovrebbe usare il termine **arborescenza distesa**). Infatti, in un documento HTML si individuano sistematicamente dei nidi di diversi livelli, cioè porzioni chiaramente delimitate contenute interamente in un nido più esteso e con la possibilità di contenere a loro volta uno o più nidi meno estesi. Questi nidi, chiamati specificamente **elementi**, in genere sono delimitati da una coppia di tag, scritture chiave racchiuse tra le parentesi angolate "<" e ">". L'intero documento HTML è un nido delimitato dai tag `<HTML>` e `</HTML>` *(Elementi di struttura)* ed a sua volta è costituito da due nidi successivi, il primo delimitato da `<HEAD>` e `</HEAD>` ed il secondo delimitato da `<BODY>` e `</BODY>`. Al nido corrispondente all'intero documento si può attribuire il livello 1 e ai nidi HEAD e BODY il livello 2.

Gli elementi HEAD dei diversi documenti sono relativamente semplici e abbastanza simili. In ogni HEAD si trova un elemento TITLE, delimitato dai tag `<TITLE>` e `</TITLE>`, che attribuisce al documento il suo titolo, stringa che ha lo scopo di presentarlo sinteticamente. Nella HEAD si trovano altri elementi che per ora sottaciamo.

I corpi dei documenti, cioè i loro elementi BODY, possono invece essere molto diversi tra di loro, molto articolati e, addirittura, possono essere arricchiti da varie componenti scritte in uno dei linguaggi che possono essere "ospitati" da HTML. In questa introduzione presenteremo solo pochi semplici tipi di BODY.

Elementi di stile · Consideriamo ora solo documenti prevalentemente discorsivi, nel cui corpo si individuano successive sezioni che iniziano con una intestazione e sono costituite da successivi paragrafi. Le intestazioni delle sezioni possono avere diverse evidenze: le più evidenti sono racchiuse tra i **tag** `<H1>` e `</H1>`, quelle via via meno evidenti tra `<H2>` e `</H2>`, tra `<H3>` e `</H3>`, ..., tra `<H7>` e `</H7>`. I paragrafi sono delimitati da `<P>` e `</P>`; (in questo caso, come in altri che seguono, il delimitatore finale non è tassativo, in quanto il browser consente di riconoscere facilmente la fine di un paragrafo; tuttavia, soprattutto seguendo la tendenza degli **standard W3C** che va verso una sempre più forte strutturazione dei documenti, sarebbe meglio inserire sempre un delimitatore finale per ogni delimitatore iniziale). Quando il browser incontra il tag `<P>` effettua un salto a capo ed una spaziatura verticale. Entro un paragrafo si possono avere richieste di salto a capo: ciascuna di esse è espressa dal tag `<BR>` che non possiede tag coniugato: esso è un cosiddetto tag vuoto o tag singolo.

All'interno dei vari paragrafi si possono inserire varie forme di indicazioni di tipo "tipografico": ad esempio, per indicare un brano in grassetto esso deve essere racchiuso tra i tag `<B>` e `</B>`; per uno in corsivo i tag sono `<I>` e `</I>`. Le modalità di formattazione del testo sono tantissime e, con l'aggiunta di elementi grafici, diventano praticamente infinite: per un loro esame accurato rimandiamo ai numerosi testi a disposizione. Ci preme invece segnalare un rischio concreto che si può correre quando si usa il linguaggio HTML, soprattutto in classe.

HTML a scuola · In alcuni casi, abbiamo visto classi portate in laboratorio di informatica a produrre ipertesti con l'ausilio di strumenti grafici, anche e soprattutto dagli insegnanti di matematica. Tale comportamento, escluso per il naturale ambientamento con lo strumento informatico, è improduttivo ed anzi fuorviante. In questo scenario, gli studenti non ricevono alcuna informazione sulla logica che sottosta a tutti gli strumenti che stanno usando e alla tecnologia connessa. Per esempio, essi non ricevono alcuna informazione sulla struttura del linguaggio HTML e, addirittura, vengono spinti ad usare strumenti che nascondono le asperità del linguaggio sotto un'accattivante interfaccia grafica. Così gli studenti imparano solo a "smanettare", senza capire nulla di quello che fanno e senza averne alcun beneficio: gli studenti già abituati al calcolatore non imparano nulla e si compiacciono con i colleghi della loro esperienza; gli studenti meno esperti hanno la sensazione di aver visto un giochino piuttosto insignificante e non portano con sé alcuna conoscenza che non sia quella legata all'uso di un particolare programma (che diventerà inutile in breve tempo, non appena uscirà la versione successiva del programma stesso). Per fare un'analogia con la matematica, sarebbe come se i docenti insegnassero a fare le derivate con le calcolatrici dell'ultima generazione invece che il significato di limite di rapporto incrementale, etc. I pericoli di un tale atteggiamento sono evidentissimi e non meritano ulteriore commento.

Tra le tante istruzioni di formattazione disponibili e che abbiamo tralasciato, una merita un cenno: quella che permette di inserire immagini contenute in file (che seguono uno dei formati accettati da HTML). Si tratta del tag `<IMG>`. Esso, di solito usato nella forma `<IMG SRC="schema.gif">`, inserisce nella pagina l'immagine contenuta nel file `schema.gif`.

6.1.3 Agganci per collegamenti ipertestuali

Elementi essenziali dei documenti HTML sono quelli che consentono di organizzare collegamenti ipertestuali, cioè vie attraverso cui il lettore che si serve di un browser può decidere di muoversi da un punto ad un altro del complesso dei documenti che sta consultando.

Gli elementi che caratterizzano la natura ipertestuale dei documenti HTML sono chiamati **anchor**, ancore o, forse meglio, agganci. Essi hanno il compito di definire le posizioni di uno stesso documento HTML o di diversi documenti tra i quali si stabiliscono i collegamenti. Si devono distinguere gli elementi che chiamiamo **ancore HREF**, agganci origine - bersaglio o più semplicemente agganci origine, da quelli che chiamiamo **ancore NAME** o agganci bersaglio. Un collegamento HTML va da un'aggancio origine ad un aggancio bersaglio: più

I diversi tipi di "ancore"

precisamente all'aggancio bersaglio che viene indicato all'interno dell'aggancio origine. Esso consente a chi legge pagine HTML di far comparire, in luogo dalla videata contenente l'aggancio origine, la videata, dello stesso documento o di documento diverso, contenente l'aggancio bersaglio. Una tale manovra viene descritta significativamente come un salto dell'Utente da un punto di un documento HTML ad un altro punto dello stesso documento o di un altro documento. Ogni aggancio origine definisce un brano cliccabile o area attiva della pagina che il browser fa corrispondere al documento in esame. Questo brano spesso è una scritta opportunamente evidenziata (di solito una scritta in blu sottolineata); altre volte si tratta di una icona che tendenzialmente suggerisce il contenuto della videata alla quale consente di saltare. Portando il cursore sul brano cliccabile questo cambia aspetto e, con i browser più evoluti, si provoca la comparsa di una finestrella che segnala il fatto che il cursore si trova sopra un'area attiva e che fornisce il titolo della videata bersaglio o una sua parte. Quando si clicca sul brano, cioè quando si preme il tasto di sinistra del mouse, si avvia il processo di salto alla videata bersaglio.

L'effettiva presentazione della videata bersaglio viene attuata subito se si passa ad un altro punto dello stesso documento, ad un altro documento correntemente disponibile per il browser o ad un documento rapidamente accessibile in Rete. Il salto alla nuova videata richiede invece del tempo quando comporta un difficoltoso recupero dalla rete del documento del bersaglio, vuoi per la lentezza dei collegamenti, vuoi per l'estensione del documento da scaricare sul computer dell'Utente. Il salto può anche risultare inattuabile o per cadute di qualche collegamento della Rete, o per la non disponibilità del server che dovrebbe fornire il documento, o per la scomparsa dalla Rete del documento o del server richiesti.

Vediamo alcuni esempi di agganci origine:
```
<A HREF="http://www.Ditta.it/doc-tecn/dettagli.htm">Per i dettagli clicca qui.</A>
comporta la presentazione della seguente linea:
Per i dettagli clicca qui.
```

Il bersaglio di questo aggancio origine è il documento contenuto nel file avente come URL, Uniform Resource Locator, cioè come indirizzo simbolico Internet:

```
http://www.ditta.it/documenti-tecnici/dettagli.htm;
```

il suo brano cliccabile contiene la scritta invito:

```
Per i dettagli clicca qui.
```

Ecco un altro esempio

```
<A HREF="elementi.htm">Tavola degli elementi</A>
```

Ora si ha la linea: Tavola degli elementi; il bersaglio è il file la cui specificazione è elementi.htm; questo file nella situazione più semplice si trova nella directory del computer dell'Utente in cui si trova anche il file del documento contenente l'elemento in esame.

In una lunga pagina espositiva può essere utile porre agganci bersaglio all'inizio delle varie sezioni nelle quali si suddivide il discorso. Ad esempio, si potrebbe avere una pagina ripartita in sezioni con inizi del tipo seguente:

```
<A NAME="inizio"> </A>
<H2> Le coniche</H2>
<A NAME="sez1"> </A>
<H3> 1. Introduzione</H3>
<A NAME="sez2"></A>
<H3> 2. Parabola</H3>
<A NAME="sez3"></A>
<H3> 3. Ellissi< /H3>
<A NAME="sez4"> </A>
<H3> 4. Iperbole</H3>
<P>
< A NAME="esercizi"> </A>
<H3> Esercizi</H3>
```

Gli agganci indicati permettono di inserire in altri punti del testo rinvii agli inizi delle diverse sezioni, in modo da facilitare letture non sequenziali del testo. Ad esempio, nel file si potrebbe ad un certo punto trovare il tag <A HREF="#sez2">. Cliccando su di esso ci si sposta alla posizione indicata dal NAME sez2.

6.1.4 Il futuro di HTML è XML

Il linguaggio HTML, il cardine dei primi anni dello sviluppo del Web, viene ormai considerato troppo limitato dagli sviluppatori di siti Web e dai responsabili dei progetti di ampio respiro concernenti la **Information Technology**, oggi necessariamente collegati ad Internet. Per i siti Web si devono utilizzare sempre più componenti multimediali e testi strutturati e si esige la possibilità di una gestione più dinamica delle pagine. Per gli strumenti di scoperta e ricerca sul Web servono codici di descrizione dei contenuti (**metainformazioni**) più efficienti di quelli usati dagli attuali motori.

In questo scenario di innovazione frenetica e di giganteschi interessi, il Consorzio W3C opera per sostenere standard che siano rispettati da tutti i produttori di strumenti e contenuti per la Rete e le industrie, cercando di contrastare la tendenza delle aziende a sviluppare modalità che favoriscono taluni prodotti (ad es. sistemi operativi e browsers) a scapito di quelli della concorrenza e quindi a scapito della interoperabilità dei sistemi. Sul versante dei testi strutturati la standardizzazione del metalinguaggio **XML (Extensible Markup Language**), costituisce forse il successo più evidente e più promettente del Consorzio.

SGML   Il predecessore di XML, **SGML (Standard Generalized Markup Language**), è unanimemente considerato non facile da utilizzare. XML è un sottoinsieme di SGML semplificato studiato per l'ambiente WWW: si dice che XML offre l'80% dei benefici di SGML con il 20% della sua complessità ed in effetti la specifica formale di XML richiede circa 30 pagine, contro le 500 di SGML. XML intende promuovere un trattamento molto elaborato dei documenti attraverso un sottoinsieme delle possibilità di SGML relativamente semplice, adattabile e, soprattutto, utilizzabile naturalmente sul Web. Su XML hanno puntato subito aziende come Sun, IBM, NCSA, Adobe, SoftQuad e Microsoft; successivamente hanno aderito ad XML tutte le industrie e le organizzazioni interessate allo sviluppo di strumenti per la Rete globale. Molti progetti di sviluppo di prodotti sono stati avviati nel 1998, dopo la sua definizione formale concretizzatasi in una Raccomandazione di W3C, e nel corso del 1999 sono stati resi disponibili vari prodotti che permettono di operare incisivamente sulle applicazioni di XML.

XHTML   XML ancora non sostituisce HTML ma gli affianca una variante a più livelli chiamata **XHTML (Extensible Hypertest Mark-up Language**). La sua futura diffusione dipende in parte dalla rapidità con la quale i browsers più utilizzati saranno in grado di incorporare dei lettori per questo nuovo linguaggio e in parte dalla disponibilità in Rete dei documenti strutturati scritti in XML e quindi dalla disponibilità di adeguati Web editors.

Poiché XML permette di definire, secondo regole prestabilite, i marcatori, è evidente che le singole comunità abbiano interesse a sviluppare linguaggi specifici per i rispettivi interessi. Così, i chimici molecolari hanno iniziato a sviluppare il **Chemical Markup Language (CML**), ed i matematici il **Mathematical Markup Language (MathML**), prima nell'ambito di SGML e successivamente secondo gli standard XML. A titolo di esempio, si legga la sezione dedicata all'MathML più avanti in questo capitolo (⇨p. 104).

Infine, un ulteriore vantaggio di XML è che esso separa in modo netto forma e contenuto (cioè i dati dalla loro rappresentazione) cosa che in HTML non è possibile.

6.1.5 Il linguaggio JAVA

Intorno al 1995 si sono dotati i browsers di meccanismi in grado di effettuare tutte o in parte le operazioni in precedenza svolte dal server. Un ruolo importante a questo proposito è giocato da **Java**, un linguaggio di programmazione che consente di organizzare procedure di grande efficacia per la Rete.

Java è un linguaggio di programmazione procedurale ed è orientato agli oggetti: si tratta quindi di un linguaggio che consente di affrontare ogni genere di problema, sia servendosi di istruzioni che riguardano entità semplici come numeri e caratteri (carattere procedurale), sia servendosi di oggetti, elementi composti che consentono di controllare concisamente entità complesse come figure geometriche, registrazioni sonore o "finestre" contenenti elementi attraverso i quali si possa governare interattivamente una elaborazione.

Java è stato sviluppato da un team della Sun Microsystem capeggiato da James Gosling. Per la sua definizione sono state riprese molte caratteristiche di linguaggi precedenti: per le procedure locali è molto vicino ai linguaggi **C** e **C++**; per altri aspetti adotta accorgimenti presenti in linguaggi come **Pascal**, **Lisp** e **Smalltalk**. È convinzione diffusa che per la sua definizione sono state riprese le caratteristiche migliori di sistemi precedenti e sono stati evitati i costrutti il cui uso è più laborioso e che presentano maggiori rischi di errore. In effetti questo linguaggio nel giro di un quinquennio ha avuto un notevole successo fra molti sviluppatori e docenti di programmazione.

Le caratteristiche

Qui interessa innanzi tutto che Java è bene utilizzabile attraverso un browser. Con Java si possono scrivere procedure applicative (chiamate **applets**, piccole applicazioni) che possono essere richiamate entro una pagina HTML e possono inserire in essa ogni genere di dinamismo; mediante applets si possono costruire e presentare risultati numerici e grafici, mostrare informazioni reperite in un archivio, generare suoni e animazioni in risposta a richieste interattive dell'utente.

Le procedure applicative

Tutti gli attuali browsers di buon livello consentono di operare con Java. Un programma scritto in Java viene tradotto in un codice intermedio (chiamato **bytecode**) il quale sarà in seguito interpretato da un programma chiamato **JVM (Java Virtual Machine)**. Attualmente tutti i computers dispongono di una JVM e quindi questo linguaggio può essere utilizzato su ogni tipo di apparecchiatura realizzando il massimo della portabilità. Il bytecode può essere spostato senza difficoltà su Internet ed essere interpretato a distanza. Una applet disponibile in un certo sito può quindi essere utilizzata da una qualsiasi altra postazione di Internet attraverso il relativo URL e

JVM

questo apre la strada al massimo della interoperabilità. Molte
società produttrici di sistemi informatici hanno investito pe-
santemente su Java e anche se oggi la sua standardizzazione rimane ancora un problema (il linguaggio è di proprietà di Sun
e non segue uno standard di dominio pubblico) è comunque
un utile veicolo per la fornitura di servizi anche complessi.
Sono disponibili ambienti di sviluppo per i programmatori, biblioteche di sottoprogrammi e di applets, utensili di grafica
per gli autori, traduttori verso Java di linguaggi di programmazione precedenti, e così via.

6.2 Produzione di materiale matematico per il Web

6.2.1 Importanza del Web per il mondo matematico

Le potenzialità
del Web
per la matematica

Le pagine Web costituiscono un mezzo di comunicazione di
grande importanza in generale e per molte attività stanno diventando rapidamente il canale primario. Per quanto riguarda
la matematica, vi sono molti motivi che dovrebbero indurre a
prestare la massima attenzione al Web.

Per ogni attività il Web presenta i vantaggi della ampiezza
della diffusione, della tempestività della comunicazione, della
facilità di aggiornamento e della adattabilità al cambiare delle
esigenze. Per la matematica, più che per molte altre discipline,
sono importanti le potenzialità del Web in termini di espressi-
vità delle sue pagine e di supporto alle attività collaborative.
Per la esposizione di nozioni matematiche risulta importante
essere in grado di servirsi di media che incorporano procedure di calcolo, grafici ed animazioni dei vari tipi e controllabili
dall'autore in modo dettagliato e con i quali il lettore possa interagire in modo versatile; può anche essere utile servirsi di
brani parlati. Queste prestazioni sono in parte già disponibili
per Internet; tutte stanno diventando disponibili sostanzialmente in tempi brevi, a costi contenuti e con varie caratteristiche elevate. Internet sta diventando un mezzo di comunicazione superiore agli altri da molti punti di vista, specialmente
per le attività scientifiche.

Internet come
supporto alle
attività collaborative

Internet è ormai un supporto alle attività collaborative di
grande efficienza ed efficacia. Nello sviluppo della matematica
la collaborazione gioca un ruolo essenziale per molti motivi.
La ampiezza dei suoi obiettivi e la difficoltà di molti problemi
esige il contributo di molti ed il livello di precisione del suo
linguaggio è causa ed effetto della unione degli sforzi. La collaborazione nello sviluppo della matematica si estende ormai
anche agli operatori meccanici, dalle procedure di calcolo a

quelle per la documentazione. Internet ora è in grado di supportare anche il calcolo automatico distribuito, le teleconferenze e l'insegnamento a distanza assistito dall'elaboratore.

Oggi una grande varietà di attività conoscitive, produttive ed organizzative si basa su nozioni matematiche e l'esposizione di tali nozioni riveste sempre maggiore importanza. La complessità di molte dimostrazioni, le sfaccettature di molti risultati e le articolazioni di molte applicazioni attualmente richiedono strumenti espositivi versatili, espressivi ed adattabili alle diverse esigenze dei fruitori della matematica. Il Web e il complesso dei linguaggi per le sue pagine sono in grado di sostenere questi tipi di esposizioni. Per ricoprire questo ruolo, in questi anni si sono candidati i documenti ipertestuali che costituiscono il World Wide Web. Come vedremo nei paragrafi seguenti, ancora non è facile compilare pagine Web su argomenti matematici. Peraltro si trovano molti siti Web con interessanti contenuti matematici (⇨p. 139). Inoltre si sta definendo (soprattutto nell'ambito del Consorzio W3C) un complesso coerente di linguaggi e protocolli finalizzati a potenziare le capacità espressive e funzionali delle pagine Web. Questi strumenti promettono di rendere il Web un veicolo di grande efficacia, in particolare per quanto concerne la comunicazione matematica. Queste aspettative trovano supporto nel successo ottenuto da varie iniziative basate sul Web (⇨p.139).

Internet inoltre, più degli altri mezzi di comunicazione, può servire a mantenere e facilitare collegamenti della matematica con le altre discipline quantitative e con i giovani. A questo proposito ricordiamo un'indagine demoscopica del 1999, riguardante alcuni studenti americani dagli 8 ai 15 anni, dalla quale emergeva che essi passano in media un'ora al giorno sul computer per svolgere i compiti scolastici (mezz'ora su Internet) e che, tra i mezzi di comunicazione dai quali ricavare informazioni per il lavoro scolastico, essi pongono al primo posto Internet e quindi, nell'ordine, libri e riviste, televisione e biblioteche.

6.2.2 Inserimento di formule in pagine HTML

Il primo passo per la produzione di materiale matematico utilizzabile sul Web attualmente riguarda l'inserimento di formule nelle pagine più comuni, cioè in pagine scritte nel linguaggio HTML. Utilizzando esclusivamente istruzioni HTML oggi queste possibilità sono molto limitate; una buona varietà di formule si può avere inserendo nelle pagine HTML immagini ed applet; questo lavoro può essere piuttosto oneroso e può essere facilitato da determinati strumenti di Web editing o tra-

duttori; in genere, però, non si ha la garanzia di buoni livelli tipografici. Sono tuttavia in corso di sviluppo nuovi strumenti
che dovrebbero rendere anche l'inserimento delle formule
una attività abbastanza routinaria, come la redazione di testi
mediante sistemi tipografici come TeX.

Un primo tipo di soluzioni si possono proporre a chi vuole inserire in una pagina poche formule tendenzialmente semplici, senza fare ricorso a strumenti più impegnativi, soprattutto per quanto riguarda il tempo necessario per conoscerli sufficientemente bene.

Le formule più semplici si possono inserire con il solo accorgimento di servirsi del corsivo per distinguerle dai contenuti discorsivi; ad esempio si presenta una equazione lineare
come $x+2y=5$ scrivendo `<I>x+2y=5</I>`. Si possono avere esponenti e deponenti utilizzando i tag SUB e SUP: la scritta
$x^5+3x^2-2x=7$ è realizzata con

`<I>x<SUP>5</SUP>+3x<SUP>2</SUP>-2x+7=0</I>`,

mentre $P_n=2, 3, 5, 7, 11, 13,..$ è ottenuta con
`<I>p<SUB>n</SUB>=2,3,5,7,11,13,...</I>`

Non è però possibile avere esponenti o deponenti dotati di
esponenti o di deponenti.

In molte formule spesso compaiono caratteri particolari;
un certo numero limitato è reperibile in particolari fonti: ad
esempio si ottengono le lettere greche α β γ Δ Σ Π scrivendo
`<FONT FACE="Symbol">a b c D S P</FONT>`.

Si possono ottenere le frazioni più semplici servendosi del
segno "/", come ad esempio: $2/7$, $3/y$, X/Y. Tra le frazioni numeriche solo "$1/4$", "$1/2$" e "$3/4$" hanno loro codici nell'ambito dello schema ASCII, rispettivamente ¼ ½ e
&frac34.

Frazioni su più livelli si possono ottenere con elementi TA-
BLE, ma questo richiede comandi piuttosto pesanti e il risultato
spesso non è di buon livello tipografico. La seguente frazione

$$\frac{3x+57}{23-4x}$$

è stata realizzata ottenendo la linea di frazione con una barra
orizzontale con i seguenti comandi:

```
<P> <TABLE BORDER="0" CELLSPACING="0" WIDTH="50">

<TR> <TD><I>3x+57</I> <HR ALIGN="CENTER"> <I>23-4x</I></TD> </TR>
```

</TABLE> </P>

Sempre servendosi di TABLE si possono ottenere matrici, costrutti con esponenti e deponenti e diagrammi dotati di frecce o altri segni di collegamento; le rese tipografiche però in genere sono tutt'altro che brillanti.

Inoltre con questi costrutti si hanno poche possibilità di collocamento delle formule all'interno delle parti discorsive. Si possono utilizzare gli elementi TABLE in modo semplice solo per formule da collocare in linee loro appositamente riservate. Per inserire un tale elemento all'interno di una linea si devono usare accorgimenti complicati, in genere rischiando presentazioni strampalate, in particolare per lettori che usano finestre strette.

Un'alternativa è data dall'utilizzo di immagini per interi costrutti come la precedente frazione.

Soluzioni di questo genere si possono attuare sensatamente quando si vogliono presentare poche formule: queste potrebbero essere prese da qualche repertorio predisposto o costruite con appositi editori di immagini, cioè con strumenti che richiedono qualche impegno. Se invece si devono redigere testi con numerose formule non si può sperare di servirsi di una "galleria di formule", in quanto questa dovrebbe essere enormemente estesa. In questo caso occorre predisporsi di un'attrezzatura adeguata quando si pianifica il lavoro.

In casi come il precedente occorre considerare la difficoltà nell'allineare tali frazioni in un testo discorsivo in modo accettabile.

Spesso si vorrebbero presentare formule semplici nelle quali compare qualche simbolo peculiare della matematica, come il segno di sommatoria o quello di integrale. Questi si possono cercare nelle fonti per simboli, ma si potrebbero avere difficoltà nel reperire le dimensioni più adatte. Potrebbero trovarsi segni migliori facendo ricorso a repertori di immagi-ni, in particolare di file.gif. In ogni caso si pongono problemi di allineamento verticale che in genere portano a brani tipograficamente poco pregevoli.

Si possono ottenere con relativa facilità e con risultati tipografici accettabili testi contenenti formule, anche piuttosto complesse, con editori di testo diffusi come Word e WordPerfect, con fogli elettronici come Excel e Quattro, con sistemi per la documentazione tecnica e scientifica come Scientific Workplace e con sistemi di calcolo come Maple e Mathematica. Con questi sistemi le formule vengono ottenute con le cosiddette modalità da equation editor, operando visualmente e gerarchicamente su schemi bidimensionali predisposti per costrutti come linee di frazione, simboli dotati di esponenti e/o deponenti, matrici. Intorno al 1997 questi sistemi per la preparazione dei documenti sono stati messi in grado di "esportare" nel linguaggio HTML i testi costruiti.

Una formula matematica può anche essere ottenuta con una applet Java; ancora però il procedimento può essere impegnativo e la resa tipografica modesta. Oggi si stanno rendendo disponibili traduttori che trasformano un testo scritto in TeX in un testo HTML, nel quale le formule matematiche sono fornite da applet Java. Mediante applet Java, però, si possono avere formule con le quali si può interagire, vuoi per richiedere loro variazioni, vuoi per chiedere che vengano generate da meccanismi per l'elaborazione simbolica che si possono scrivere o richiamare sempre servendosi di procedure Java. Tutte queste però sono soluzioni impegnative, che si possono adottare per redigere pagine riguardanti argomenti specifici, ad esempio pagine che insegnano determinati procedimenti simbolici nel corso della presentazione di strumenti interattivi per la esemplificazione o per la verifica nell'ambito di sistemi di sostegno all'autoapprendimento. Non si tratta quindi di un modo di operare che può essere proposto a tutti quelli che iniziano a pubblicare sul Web testi con formule.

6.2.3 Il linguaggio MathML

Come si è visto, malgrado il Web sia stato concepito e sviluppato da ricercatori scientifici principalmente per le comunità scientifiche, la comunicazione di espressioni matematiche non dispone ancora di buoni veicoli.

D'altra parte, molte attività oggi in pieno sviluppo manifestano l'esigenza di inserire formule matematiche in pagine Web. I ricercatori che si servono di nozioni matematiche elevate (nei diversi settori scientifici e tecnologici, nell'economia, nella sociologia, etc.) hanno la necessità di scambiarsi documenti contenenti formule; nelle opere enciclopediche le espressioni matematiche non possono mancare; le iniziative di insegnamento indipendente dalla distanza richiedono che docenti, discenti e partecipanti a liste di discussione si scambino formule; nel commercio elettronico, quando interessa la presentazione dettagliata di prodotti o di servizi quantitativamente qualificati, si deve ricorrere a formule; esigenza analoga si incontra nel monitoraggio del territorio.

Il sistema TeX   In effetti con lo sviluppo del Web si sono ripresentate in forma nuova esigenze che si erano manifestate da tempo nel mondo del computer e che avevano portato a soluzioni di notevole impegno: tra queste la più rilevante è stata la definizione e la implementazione del sistema TeX per opera di Donald Knuth.

Per l'inserimento di formule nelle pagine HTML, cioè in documenti utilizzabili mediante programmi ricchi di prestazioni come gli odierni browser, si pongono nuovi problemi. Da un lato cadono certe esigenze di impaginazione a causa dalla larghezza variabile e della illimitata altezza delle finestre gestite dai browser. Inoltre sta emergendo la richiesta di documenti per il Web che siano comprensibili da parte degli agent, automatismi che possono operare per conto degli utenti umani nella fase di scoperta delle informazioni e da parte di procedure che possono servire per aiutare ad utilizzare un documento. In particolare, si vorrebbero saper individuare sul Web formule che consentono di soddisfare determinate richieste e si vorrebbero interpreti-esecutori in grado di fornire valutazioni numeriche o semplificazioni di espressioni matematiche inserite nelle pagine Web.

MML è standard

Il Consorzio W3C ha riconosciuto fin dal 1994 la necessità di migliorare il supporto alla comunicazione scientifica e grazie al lavoro di un suo Math Working Group, il 7 aprile 1998 è stata pubblicata la Raccomandazione di **MathML 1.0 (Mathematical Markup Language)**. Questo documento riconosce l'ampiezza del problema dell'inserimento delle formule in pagine ipertestuali e propone MathML 1.0 come specificazione di basso livello per la comunicazione della matematica da macchina a macchina, che tuttavia fornisce un fondamento per soddisfare la sentita esigenza di includere espressioni matematiche nelle pagine Web.

MathML vuol facilitare l'utilizzo ed il riutilizzo di contenuti matematici nel Web e riesce a tener conto di una varietà di esigenze, anche in virtù dell'ampia composizione del gruppo di lavoro (**AMS, Mathematical Review, W3C, INRIA, Università di Waterloo, West Ontario e Minnesota, IBM, Maple, Wolfram, Adobe**, etc.). Queste esigenze vanno da quelle dei sistemi di computer algebra, a quelle tipografiche delle case editrici, a quelle di sintesi vocale e di composizione in Braille per la presentazione di documenti scientifici ai disabili. In tal modo si è giunti a prospettare, in generale, l'erogazione di servizi matematici tramite Web.

Con MathML non si vuole codificare solo la presentazione delle notazioni matematiche, ma anche il loro contenuto, in modo da aprire la possibilità che sulle formule accessibili su Web possano operare programmi applicativi con finalità quali il calcolo e la presentazione sonora.

MathML è un'applicazione di XML, anzi è stata la prima applicazione di XML ufficializzata come Raccomandazione di W3C. In quanto tale, esso si trova in sintonia con le ormai numerose applicazioni di XML e può avvalersi degli Style Sheets. Questo significa che con browser dotati di un adeguato supporto, MathML consentirà che le espressioni matematiche siano visualizzate dagli strumenti di rendering più efficienti per le diverse piattaforme.

C'è quindi da aspettarsi che siano resi disponibili traduttori ed editori di equazioni che consentano la costruzione di formule MathML come risultati di sistemi di computer algebra o come prodotti di sessioni interattive condotte con tecniche di drag and drop.

Un assaggio di MathML

Con MathML una espressione matematica viene dotata di una codifica di presentazione ed una di contenuto chiamate rispettivamente presentation markup e content markup. Entrambe fanno riferimento ad un albero dell'espressione che riguarda la sua organizzazione in sottoespressioni di diversi livelli.

Ad es. alla semplice espressione $(a+b)^2$ si associa l'elemento di presentazione

```
<msup>
   <mfenced>
      <mrow>
             <mi>a</mi>
             <mo>+</mo>
             <mi>b</mi>
      </mrow>
   </mfenced>
   <mn>2</mn>
</msup>
```

e l'elemento esprimente contenuto

```
<apply>
   <power>
   <apply>
        <plus/>
        <ci>a</ci>
        <ci>b</ci>
   </apply>
   <cn>2</cn>
</apply>
```

Già da questo semplice esempio emergono alcune caratteristiche di MathML.

Nelle codifiche MathML vengono evidenziati tutti gli elementi che entrano nelle formule, anche i molti che nelle notazioni usuali risultano impliciti. Ogni operando simbolico viene incapsulato in un elemento mi o ci ; ogni operando numerico costituisce un elemento mn o cn ; ogni operatore compare in un elemento mo o come tag specifico (**plus**).

Nel presentation markup compaiono vari elementi di allineamento (**mrow, mfenced, msup**). Altri elementi per la presentazione riguardano esponenti e deponenti (msub, munder, mmultiscript); altri costrutti più estesi (**mrow, mstyle, mfrac**), altri con tabelle. Vi è poi un elemento action che permette di influire in vari modi sulle notazioni.

Per il content markup sono stati definiti 75 elementi che accettano una dozzina di attributi. Molti sono elementi vuoti, ridotti al solo tag, e corrispondono ad operatori, relazioni e funzioni specifiche (**partialdiff, leq, tan**). Altri, come matrix e set, consentono di codificare vari tipi di dati. Altri, come apply, consentono di costruire oggetti matematici a partire da più semplici. Nel content markup le espressioni sono presentate nella forma con operatore prefisso. Vi sono poi molti schemi con ruolo di qualificatore come **bvar** usato con l'operatore **diff** e **lowlimit** usato con l'operatore di integrazione int. Ricordiamo infine il costrutto **declare** che consente di dichiarare variabili con valore assegnato, elemento ignorato per la visualizzazione ma in grado di dare indicazioni operative ai sistemi di computer algebra.

Anche dai brevi cenni precedenti è evidente che MathML si rivolge prevalentemente non ad autori e lettori umani, ma a sistemi automatici per la creazione e la trasformazione di testi e per la loro interpretazione per vari scopi. Data la molteplicità degli aspetti delle espressioni matematiche dei quali tiene conto, si può sperare che MathML diventi un canale in grado di mettere in comunicazione gli svariati tipi di agenti che possono utilmente operare sulle espressioni matematiche. Si può ragionevolmente prevedere che tra breve, anche in virtù del continuo progredire delle piattaforme, faranno riferimento a MathML sistemi quali:

- programmi di elaborazione simbolica per l'emissione dei loro risultati e l'immissione di dati;
- sistemi tipografici per l'inclusione nei testi di formule matematiche;
- sistemi e dispositivi per la presentazione vocale o Braille e per l'immissione vocale;
- sistemi per la grafica ed il disegno assistito da computer;
- sistemi per l'insegnamento a distanza.

Solo nel 1999 hanno cominciato ad apparire prodotti in grado di operare con MathML. Esso comincia ad essere riconosciuto da sistemi di calcolo consolidati come Maple, Mathematica e REDUCE e da sistemi tipografici come Publicon   Amaya e MathType. Vi è poi **Amaya**, browser e Web editor sviluppato nell'ambito di W3C e disponibile liberamente. Questo sistema intende essere uno strumento per il controllo del rispetto degli standard proposti dal Consorzio ed è in continuo sviluppo. Amaya consente di inserire formule con la modalità degli equation editor, operando visualmente su schemi bidimensionali di costrutti come linee di frazione, simboli dotati di esponenti e/o deponenti, matrici. Esso consente inoltre di prendere visione della struttura ad albero del testo sorgente, fornendo un modo abbastanza comodo per controllare i dettagli delle formule. Si tratta però di un browser mancante dei molti servizi disponibili nei due browser più diffusi, Netscape Navigator e Microsoft Internet Explorer. Inoltre MathML è trattabile con **E-LITE**, un browser "leggero".

6.2.4 Inserimento di grafici

L'inserimento nelle pagine con contenuti matematici di grafici con significati specifici è di importanza paragonabile all'inserimento delle formule e presenta problemi tecnici simili.

La veicolazione sul Web di grafici e figure si è trovata costantemente in conflitto con l'ampiezza di banda, ed i disegnatori per le pagine Web devono sempre cercare un compromesso tra l'alto impatto visivo che vorrebbero conseguire ed il basso costo di distribuzione che dovrebbero mantenere. Anche gli autori alle prime armi, quindi, devono conoscere la differenza tra i diversi formati grafici usati per le pagine Web, per capire GIF e JPEG come e quando è meglio usarli.

GIF e JPEG sono i due più popolari formati per il Web e sono letti dalla maggior parte dei browser senza far uso di plug-in. Entrambi sono formati del tipo **bitmap** (mappe di bit), cioè rappresentano le immagini mediante sistemi di **pixel** (**picture elements**). Un formato analogo è il più recente PNG.

In generale, le bitmap nell'ambito di una pagina Web hanno dimensione e risoluzione stabilite. Quindi manipolando e variando scala e dimensione delle immagini, queste possono perdere la loro iniziale qualità. Questo difetto è evitato dai formati riguardanti la grafica vettoriale, tecnica da tempo familiare ai disegnatori che lavorano nel mondo della stampa, ma nuova per le immagini Web. Diversamente dalle immagini bitmap, i documenti di grafica vettoriale si basano su costruzioni geometriche e matematiche ed offrono molti vantaggi per il Web, in primo luogo per le loro dimensioni mediamente molto inferiori a quelle dei grafici bitmap e per la loro "scalabilità", cioè per la loro adattabilità alle diverse finestre entro le quali possono essere letti.

Nel corso del 1999 sono stati proposti per il Web molti standard di grafica vettoriale, in particolare sembra particolarmente ricco di avvenire il linguaggio SVG sviluppato entro W3C.

Concretamente, quale sia il miglior formato per i grafici dipende in gran parte dall'origine dell'immagine e dal suo uso prevedibile. Vediamo quindi alcune caratteristiche dei vari formati in uso e proposti.

GIF: Graphics Interchange Format

GIF è un formato di 8-bit, che supporta 256 colori. Uno dei maggiori vantaggi di questo formato è il fatto che le immagini possono essere indicizzate entro una tavolozza di colori (palette) prestabilita, diversamente da JPEG: questo consente ai disegnatori per il Web di servirsi dell'indicizzazione per una migliore ottimizzazione delle immagini per tavolozze indipendenti dal browser. Disegnare mediante una tavolozza indipendente dal browser garantisce presentazioni non condizionate dalla piattaforma e dal dispositivo fisico di visualizzazione. La trasmissione di immagini GIF prevede la loro compressione alla stazione di invio e la loro decompressione alla ricezione, al fine di risparmiare tempo di trasferimento. Lo schema di compressione adottato è del tipo lossless, senza perdita di informazione: nessun dato è perso nei processi di compressione o decompressione. Date le caratteristiche, GIF è utilizzato preferenzialmente per le immagini con pochi colori, come le immagini in bianco e nero, e con larghe aree di colori monotoni. Per le immagini con molte tonalità di colore conviene invece usare il formato JPEG.

Un altro vantaggio su JPEG di GIF è la sua capacità di supportare la trasparenza; questa caratteristica rende più facile costruire la silhouette di immagini non rettangolari in presenza di configurazioni di sfondo, pregio importante per la manipolazione di bottoni ed icone. Ricordiamo infine che le immagini GIF vengono spesso utilizzate per simboli prettamente matematici, come per i segni di sommatoria e di integrale delle diverse estensioni.

JPEG: Joint Photographic Experts Group

Il formato JPEG è nato dal lavoro della commissione omonima, la quale ha definito questo standard negli anni intorno al 1990. Anch'esso prevede la compressione, ma si basa su un algoritmo del tipo lossy, il che significa che l'immagine perde in qualità quando viene compressa. Comunque, in condizioni normali, relativamente alla qualità, alla dimensione, al tipo di immagine originale ed al grado di riduzione applicato, la perdita di informazione è spesso impercettibile all'occhio umano.

Le immagini JPEG prevedono 24 bit per ogni pixel e quindi una tavolozza di 2^{24}=16 milioni di colori. Quindi JPEG, rispetto a GIF, richiede molte piú informazioni per ogni immagine. È quindi piú opportuno utilizzarlo per immagini con variazioni di tono del colore continue come nel caso delle fotografie, della scannerizzazione di opere d'arte e per una buona resa di grafici tridimensionali.

Un altro vantaggio del JPEG rispetto al GIF è dato dalla possibilità di specificare un fattore di riduzione da applicare all'immagine, permettendo di trovare un equilibrio tra dimensioni e qualità. Il fattore di compressione dipende dal programma di editing usato per ottenere l'immagine; spesso si riduce un'immagine da 10 a 1 o da 20 a 1, ma si può avere anche il caso estremo da 100 a 1 (questo però con una significativa perdita di qualità).

JPEG consente inoltre di risparmiare tempo di scaricamento delle immagini sul terminale dell'Utente del Web, rendendo disponibile una modalità operativa progressiva: si può chiedere che una immagine venga scaricata per successivi passi di definizione, consentendo all'Utente di rendersi conto, attraverso le prime immagini poco definite, se la visione più precisa lo interessa e vale il tempo di attesa, oppure se gli conviene accontentarsi della prima impressione e passare alla cattura di altre informazioni.

PNG: Portable Network Graphics

Si tratta di un formato per le immagini a bitmap che prevede una buona compressione lossless con spiccate caratteristiche di portabilità e di estendibilità. Esso è stato sviluppato nell'ambito di W3C, anche per costituire una alternativa a GIF che fosse libera dalla copertura brevettuale; in molte situazioni esso può rimpiazzare anche altri standard come TIFF.

PNG supporta immagini con colori indicizzati, con scale di grigio ed a veri colori; esso inoltre può contenere le cosiddette informazioni alpha e gamma, le prime in grado di stabilire la trasparenza per ogni colore, le seconde permettono l'adattamento delle gamme di grigi che compaiono nelle immagini rese sullo schermo alle diverse condizioni di luminosità ambiente, ad imitazione dell'occhio umano.

Per quanto riguarda la collocazione su Internet delle immagini PNG, è possibile inserire metadati nei relativi file in modo che possano essere rintracciati dai motori di ricerca;

inoltre essi possono entrare come attachement di messaggi postali che si adeguano alle specificazioni standard **MIME, Multipurpose Internet Mail Extensions**, per le aggiunte non ASCII.

Questo formato è divenuto Raccomandazione W3C nell'ottobre 1996 è disponibile sui maggiori browser e può essere ottenuto con vari strumenti software; esso si è diffuso abbastanza ampiamente, ma nonostante i suoi vantaggi tecnici, lo è meno dei due standard precedenti, consolidati dall'uso.

SVG: Scalable Vector Graphics

Le immagini relative alla cosiddetta grafica vettoriale sono ottenute a partire da comandi di tracciamento e da formule matematiche; questa caratteristica comporta notevoli vantaggi rispetto alle immagini basate su bitmaps specialmente per l'inserimento in pagine Web.

Il primo vantaggio riguarda la memoria richiesta per la registrazione delle immagini vettoriali, mediamente molto inferiore, in quanto esse non devono descrivere ogni singolo pixel; conseguentemente le immagini vettoriali possono essere trasferite sulla Rete molto più velocemente.

La grafica vettoriale fornisce poi la possibilità di rimpicciolire, ingrandire, ruotare o sottoporre ad altre trasformazioni matematicamente esprimibili le immagini, senza perdere in risoluzione e chiarezza. Le immagini vettoriali dunque non impongono compromessi tra fattori di compressione e qualità della resa visiva.

Peraltro tutte le immagini ottenute da apparecchiature digitali o mediante scannerizzazione di immagini artistiche e gran parte di quelle ottenute mediante programmi di illustrazione sono originariamente implementate mediante pixel e non possono essere convertite fedelmente in rappresentazioni vettoriali. La grafica vettoriale invece apre grandi prospettive per l'illustrazione scientifica e tecnica.

Per costruire grafici vettoriali per il Web senza ricorrere a plug-in o ad applet, nell'ambito di W3C nel 1998, dopo discussioni su due proposte di linguaggi chiamati **PGML** e **VML**, è stato formato un ampio gruppo di lavoro per la definizione di **SVG, Scalable Vector Graphics**, un linguaggio per la grafica vettoriale molto ambizioso, al quale contribuiscono le maggiori industrie del settore. Il gruppo di lavoro di W3C nel settembre 1999 ha pubblicato la proposta di raccomandazione che sarà seguita dalla raccomandazione ufficiale, documento che in genere si accompagna alla immissione sul mercato dei primi prodotti che consentono di operare effettivamente con lo standard.

SVG prevede che si utilizzino al meglio le prestazioni delle piattaforme hardware e software disponibili, quali esse siano. Esso consente di operare con una tavolozza di $2^{24} = 16.777.216$ colori e quindi di avere immagini di alta qualità visiva; prevede che queste immagini possano essere presentate da una grande varietà di dispositivi: esse potranno essere presentate sia sugli schermi delle piccole apparecchiature portatili come i Web phones, sia sugli schermi con le migliori caratteristiche visive, sia con apparecchiature di stampa ad alta risoluzione.

Con SVG si possono richiedere facilmente rettangoli, cerchi, ellissi, linee, poligoni e poligonali; figure più complesse si ottengono con un tag `<path>` che permette di simulare le manovre di una punta scrivente. Nelle immagini si possono inserire testi in font arbitrarie collocando le lettere seguendo percorsi qualsiasi (ad esempio in cerchio). Le font possono essere gestite con il meccanismo Webfont che facilita la acquisizione dalla Rete di fonts non disponibili sul terminale del cliente.

È prevista anche una certa compatibilità con gli standard GIF e JPEG, in modo che un cliente che non sia ancora abilitato a servirsi di SVG possa avere presentate immagini degli standard a bitmap: infatti in una immagine SVG si possono inserire immagini GIF e JPEG come in pagine HTML.

Il linguaggio inoltre si adegua ai molti altri standard per il Web definiti nell'ambito di W3C e quindi le immagini SVG potranno essere utilizzate in documenti e sistemi di ampia portata e fruibilità.

In sintesi

In questo capitolo è stato trattato brevemente il problema della produzione di materiale matematico per il WWW. Lo stato dell'arte di queste tecnologie è in continuo progresso; l'uso del linguaggio HTML può dare qualche buon risultato ma è innegabile che, almeno sul versante della rappresentazione, XML, e in particolare MML, rappresenti il futuro. Il linguaggio Java, inoltre, potrà diventare un utile strumento per lo sviluppo di applicazioni interattive.

7 Opportunità di Internet per la comunità matematica

A.M. ARPINATI

7.1 Opportunità per il mondo della ricerca

Il mondo della ricerca è stato il primo ad utilizzare Internet. Infatti la Rete globale è nata dalla evoluzione di reti che collegavano università ed enti di ricerca, come ArpaNet, BITNET ed EARN ed il World Wide Web è nato come sistema per lo scambio di informazioni fra ricercatori del CERN, il laboratorio europeo per lo studio delle particelle elementari.

Negli anni più recenti la percentuale dei ricercatori tra gli Utenti è andata progressivamente calando a causa dell'avvicinarsi alla Rete di persone ed organizzazioni di tutti i tipi. Peraltro, Internet rimane di primaria importanza per il mondo della ricerca: anzi, oggi si sta delineando il progressivo spostamento verso Internet di gran parte delle infrastrutture per le attività concernenti la ricerca (dalla preparazione dei convegni alle iniziative editoriali, dal supporto ad insegnamenti universitari al calcolo scientifico distribuito, dalla consultazione dei preprint alle teleconferenze) e si può prevedere che nel giro di pochi anni tutti i ricercatori si rivolgeranno alla Rete per qualche prestazione essenziale per il proprio lavoro.

La continua crescita di Internet, oltre ad attrarre e riplasmare iniziative tradizionali (ad esempio le comunicazioni fra

Nascita del WWW

Obiettivo iniziale
realizzato

Obiettivi attuali
in progressiva
realizzazione

Ulteriori obiettivi
di modernizzazioni
di iniziative
tradizionali

Circolo virtuoso
innescato da
Internet

Problemi legati
alla crescita

biblioteche e la riorganizzazione degli archivi bibliografici),
promuove nuovi modi di comunicare e quindi fa nascere iniziative marcatamente innovative (ad esempio, progetti di calcolo distribuito e servizi per l'istruzione permanente).
Internet ha innescato molti circoli virtuosi: essa favorisce la
circolazione delle idee e molte di queste rendono più rapido il
progresso tecnologico ed il potenziamento della rete stessa. Il
miglioramento della circolazione delle informazioni può essere particolarmente vantaggioso per gli ambienti della ricerca.

La continua ed elevata crescita di molti degli indicatori della importanza di Internet non deve far credere che lo sviluppo
di questo canale di comunicazione proceda con una progres-
sione tranquilla: si pongono molti problemi e le iniziative per
lo sviluppo del settore devono affrontare varie situazioni critiche. Molte di queste sono dovute alla stessa rapidità dello sviluppo: ad esempio le cadute di efficienza delle comunicazioni
e la difficoltà di tenere sotto controllo il materiale disponibile
sono dovute soprattutto alla crescita degli Utenti e dei traffici non accompagnata da una adeguata presa di coscienza col-
lettiva dell'importanza e delle sfaccettature del fenomeno.

Purtroppo ancora molte istituzioni e molte persone della
ricerca italiana si avvalgono poco o nulla delle prestazioni della Rete, anche delle più consolidate. Ad esempio, in Italia tra
gli oltre 2.000 ricercatori del settore matematico solo poche
centinaia si sono dotati di un sito Web che possa essere di effettiva utilità per il settore nel quale ciascuno di essi opera. Per
quanto riguarda l'efficienza dei collegamenti, in Italia si sono
avuti vari alti e bassi. Negli anni immediatamente successivi al
1990 si disponeva di una rete per la ricerca (iniziativa GARR)
adeguata alle necessità; successivamente questa infrastruttura
non è cresciuta in misura adeguata alla continua crescita degli
Utenti e del traffico. Questo fatto va collegato soprattutto alla
inadeguatezza dei finanziamenti, in parte dovuta a riduzioni
dei fondi per la ricerca ed in parte alla insufficiente percezione dell'importanza del fenomeno da parte dell'establishment
della ricerca, della politica e dei settori produttivi. Queste ina-
deguatezze emergono sia dal confronto tra Europa e Stati
Uniti, sia da quello tra Italia e media dei Paesi Europei: esse trovano riscontro nelle difficoltà economiche dei paesi e dei settori che tardano ad adottare le innovazioni tecnologiche.

Recentemente si è dato inizio all'adeguamento delle infrastrutture della Rete per la ricerca italiana con il progetto
GARR-B (B sta per broadband, banda larga); si tratta di un progetto delineato nel 1996 che solo nel 1999 ha iniziato ad essere accettabilmente operativo; è da osservare che all'inizio,
tra gli enti preposti alla ricerca ed all'insegnamento superiore,

solo l'INFN ha sostenuto questo progetto con la adeguata determinazione. Oltre a questi ritardi va ricordato che i costi di istallazione di certe componenti delle linee dorsali hanno costi superiori per un fattore 7 rispetto a quelli di altri Paesi, a causa dei bassi livelli della domanda, dell'offerta e delle competenze.

7.1.1 Iniziative su Internet di interesse per la ricerca matematica

Un certo numero di docenti e di ricercatori dedica molta cura ai contenuti dei propri siti personali. In gran parte di questi siti, essi collocano indicazioni didattiche e pratiche per i propri studenti: esercizi, temi di esame proposti e/o svolti, dispense ed altro materiale didattico. Talora queste indicazioni si trovano in pagine dedicate ad un corso universitario. Dato che diventa sempre maggiore la percentuale degli studenti che accedono comunemente ad Internet, si sta creando un canale di comunicazione fra docenti e studenti che merita di essere studiato e curato. Esso presenta alcuni aspetti vantaggiosi rispetto ai canali tradizionali. Innanzi tutto viene facilitata la distribuzione di appunti e dispense: il materiale disponibile può essere migliorato e completato evitando i rallentamenti dovuti alla necessità di servirsi di una tipografia e di qualche tipo di distributore. Le segnalazioni di incompletezze ed imprecisioni da parte di studenti e colleghi aiutano un docente a migliorare il proprio materiale. Attraverso il materiale collocato in Rete si possono avviare dibattiti sulle possibili scelte didattiche, si possono formulare proposte e fare circolare materiali innovativi. Tutto ciò ha costi più bassi di quelli che presentano i canali tradizionali delle pubblicazioni su carta, delle conferenze e dei convegni. Questo potrà avere rilevanti effetti positivi, in quanto alla didattica, in Italia particolarmente, vengono dedicate poche risorse e riuscendo a lavorare a basso costo non si corrono i rischi delle analisi e delle sperimentazioni insufficienti e dettate da punti di vista troppo parziali. Purtroppo l'attenzione verso queste possibilità in Italia sembra essere piuttosto scarsa. Sarebbe invece opportuno sollecitare le iniziative in questa direzione; in particolare sarebbero auspicabili delle consistenti sponsorizzazioni per la produzione di pagine in grado di fornire un serio supporto alla didattica.

A più lungo termine è comunque prevedibile che queste pagine crescano molto, in numero ed in qualità, sulla spinta di una certa coopetition (cooperazione + competizione) fra docenti, del confronto con iniziative editoriali (v.o. il fenomeno dei Web companion) e tra non molto della offerta di materiale

Siti personali
dei docenti
e dei ricercatori

Contenuti possibili
per quanto
riguarda la didattica

Vantaggi dei siti
personali
per la didattica

didattico su Internet indotta dalle prospettive di sviluppo del-
l'insegnamento a distanza.

Siti personali
per la ricerca

Nei siti personali in genere si trovano elenchi delle pubblicazioni del titolare; spesso questi si limitano ai lavori più significativi o ai più recenti. Questi, nel caso più favorevole, hanno la forma di file TeX o PostScript liberamente scaricabili.

Possibili contenuti

Vantaggi

Quando le indicazioni bibliografiche presentate in un sito personale rinviano a pubblicazioni a riviste dotate di versione
elettronica disponibile in Rete o ad un archivio digitale, chi naviga può immediatamente prendere visione del contenuto del
lavoro. Attualmente però è ancora maggiore la percentuale dei
lavori per i quali sono facilmente accessibili solo un sommario
o una recensione. Nei siti personali, in casi che non sono molti ma vanno crescendo, sono disponibili anche segnalazioni in
anteprima di risultati delle ricerche in corso. Queste hanno
spesso la forma di preprints liberamente scaricabili; questi testi, in linea di massima, rimangono disponibili fino alla loro
pubblicazione nelle riviste con circolazione a pagamento.
Sfogliando le pagine di un sito personale un ricercatore può
ricavare indicazioni sulla opportunità di stabilire un contatto
scientifico con una persona che non ha mai incontrato e che
potrebbe essere assai oneroso incontrare faccia a faccia.

In tutti i siti personali si trovano raccolte di link che l'autore ritiene interessanti per i colleghi e quindi si preoccupa di
raccogliere, tenere aggiornati ed eventualmente commentare.

Un problema dei siti
personali

Non sempre però l'aggiornamento viene adeguatamente curato: spesso, dopo una fase di entusiasmo, il sito personale viene
trascurato per lunghi periodi. Sarebbe buona norma indicare
date di aggiornamento delle singole pagine di ogni sito che
ambisce ad avere un certo pubblico.

Raccolta di
link specifici

Vi sono ricercatori che, singolarmente o riuniti in gruppi,
curano pagine dedicate a raccolte di link riguardanti particolari settori di ricerca; queste raccolte hanno l'obiettivo della
completezza e del tempestivo aggiornamento. Spesso queste
pagine fanno riferimento a gruppi di lavoro, ad associazioni, a
bollettini e ad organismi che hanno come obiettivo primario il
collegamento fra i cultori di un settore di ricerca. Per questi
collegamenti le pagine Internet stanno diventando rapidamente il canale privilegiato.

Circuiti di siti

Si vanno costituendo circuiti di siti anche fisicamente distanti che presentano mutui collegamenti e collaborano per la
promozione di un tema specifico.

Molti siti di ricercatori presentano pagine ricche di commenti, panoramiche, discussioni ed anche di polemiche.

Per i siti Web dedicati ad un settore specifico si possono osservare evoluzioni abbastanza tipiche: inizialmente singoli ri-

cercatori o gruppi ristretti di ricercatori organizzano i dati di elevato interesse per il loro settore. Successivamente si costi-tuiscono gruppi più solidi dei quali in genere fanno parte per-sone di diversi paesi; questi gruppi riescono ad organizzare e mantenere siti notevolmente completi. Questi siti possono tro-varsi in sinergia con associazioni, riviste elettroniche, progetti di ricerca e con serie di convegni settoriali.

Si può osservare che la grande varietà dei settori della ri-cerca matematica rende Internet quasi indispensabile per i ri-cercatori che si occupano di settori di piccole dimensioni e che non vantano tra i loro cultori nomi di prestigio. Risulta in-fatti difficilmente praticabile la alternativa tradizionale di di-sporre di riviste con una buona circolazione, soprattutto in questo periodo di diminuzioni dei fondi per le ricerche non di-rettamente collegabili ad applicazioni remunerative nel breve termine e di rincari delle pubblicazioni scientifiche interna-zionali di maggior prestigio.

7.1.2 Alcuni esempi di Siti

Per la storia della matematica, l'archivio curato da John O'Connor and Edmund F. Roberts presso l'Università scozzese di Saint Andrew chiamato **MacTutor** (www-groups.dcs.st-andrews.ac.uk/~history), contiene una raccolta di articoli biografici, di panorami-che storiche e di schede bibliografiche vasta ed in continuo ag-giornamento, con l'apporto di contributi da molte provenien-ze. Esso contiene anche un indice cronologico ed uno geogra-fico efficacemente sostenuti da applet grafiche.

Siti già esistenti o in fase di progettazione

Molte informazioni sulle funzioni speciali sono curate dal **SIAM Activity Group on Orthogonal Polynomials and** **Special Functions** (www.math.yorku.ca/Who/Faculty/Muldoon/siamo-psf/). Ai numeri primi è dedicato il sito chiamato **Prime Page** (www.utm.edu/research/primes/). **Web di teoria dei numeri** (www.mat.uniroma3.it/ntheory/web_italy.HTML) è il sito italiano di una catena di quattro dedicati allo studio dei numeri interi. In questi due ambienti si possono trovare varie tavole e stru-menti software per operare sugli interi.

Favorite Mathematical Constants (www.mathsoft.com/asolfe/constant/constant.HTML) è un sito curato da S. Finch con-tenente materiale molto interessante, organizzato a partire da un elenco di numeri particolari.

Internet ha cominciato a cambiare il mondo dell'editoria ed il modo di funzionare delle biblioteche (www.math.unipd.it/~derobbio/scale1.htm).

Tutte le maggiori casi editrici ora hanno siti nei quali pre-  sentano il loro catalogo e sostengono la vendita di nuovi libri e nuove riviste. Molti libri nuovi sono dotati del loro Web com-

panion, sito nel quale si trovano commenti, correzioni di errori ed aggiornamenti che in particolare possono portare verso nuove edizioni.

Si sviluppano riviste elettroniche secondo vari modelli commerciali: riviste solo elettroniche o versioni elettroniche che si aggiungono alle versioni cartacee con ridotti o nulli costi aggiuntivi; versioni su CD-ROM (in futuro sui più capienti DVD: 3GB invece dei soli 600MB dei CD-ROM). Vi sono anche riviste nate con la sola veste elettronica che successivamente si sono dotate anche di versione cartacea per venire incontro alle richieste di molti lettori.

In una posizione in parte contrapposta si collocano gli archivi di preprint gestiti da organi di ricerca: i più importanti sono quelli gestiti presso i **Laboratori di Los Alamos**, accessibili anche nel mirror italiano (it.arXiv.org/). Questi enormi archivi avviati da Ginsperg per la fisica fondamentale e la astrofisica, comprendono ora una sezione matematica, una di scienza non lineare ed una di informatica.

Sono state avviate importanti iniziative di document delivery, di reperimento e recapito di articoli e di preprint, che si avvalgono del Web; molte coinvolgono biblioteche ed organismi per il coordinamento di archivi di preprint. Questo è il caso della base dati **MPRESS** curata dall'EMIS (euler.zblmath.fiz-karlsruhe.de/MPRESS/). È opportuno citare anche gli archivi di rapporti tecnici come **NCSTRL** per l'informatica (ncstr.mit.edu/), il progetto DIENST e le svariate iniziative che vanno sotto il nome di Digital libraries.

Si trovano poi gruppi di pagine Web con contenuti specialistici o enciclopedici che si sono successivamente trasformate in libri. Un esempio molto notevole è costituito dalla Encyclopedia of Mathematics di Eric Weisstein, nata sul Web, edita come volume della CRC e, verso la fine del 1999 diventata un sito sponsorizzato dalla **Wolfram Research** (mathworld.wolfram.com/). Vi sono libri che continuano a svilupparsi su siti Web, come la **Encyclopedia of Integer Sequences** (www.research.att.com/~njas/index.HTML) ideata e gestita da Neil Sloane coadiuvato in seguito da Plouffe e contenente all'inizio del 2000 oltre 53.000 sequenze di interesse matematico. Accanto a queste iniziative si collocano le produzioni di CD-ROM (autonomi o allegati a libri) consultabili tramite browser.

Un fenomeno molto lodevole vede gli autori di libri scientifici che, alla conclusione del periodo previsto per la commercializzazione del volume, mettono a disposizione il volume stesso sulla Rete in modo che sia scaricabile in forma gratuita. Taluni libri sono messi a disposizione gratuitamente pochi anni dopo la loro uscita; questo è il caso del brillante libro di

Zeilberger, Wilf e Petrovshek dal titolo un po' provocatorio "A=B", libro che presenta un metodo molto avanzato per il calcolo automatico di formule concernenti funzioni ipergeometriche.

Molte biblioteche rendono il loro catalogo consultabile in Rete, soprattutto attraverso un OPAC (Online Public Access Catalog). Vi sono poi importanti iniziative che talora vanno sotto il nome di MetaOPAC, volte a rendere consultabili simultaneamente i cataloghi di varie biblioteche.

Su Internet si spostano varie iniziative di "awareness", volte a segnalare eventi come conferenze, convegni, avvio di iniziative, disponibilità di prodotti; in particolare si raccolgono e rendono facilmente consultabili le indicazioni di seminari. Per questo possono essere utili strumenti per il netcasting (⮑p. 81) e la buona abitudine di completare le pagine di segnalazione dei seminari con gli opportuni metadati. Di questo modo di operare si avvale la iniziativa francese Agenda for Conferences in Mathematics, ACM, per la segnalazione efficiente dei seminari su argomenti matematici che si tengono in Francia, Canada, Italia, Germania ed Austria.

Anche dalle concise indicazioni precedenti si ricava che si vanno rapidamente delineando nuovi modi di comunicare che puntano ad una efficienza complessiva che potrebbe non essere colta dalle persone che non riescono ad adattarsi ad essi. Questo può accadere soprattutto a persone di una certa età. In generale Internet minaccia una frattura generazionale anche nelle scienze esatte, cioè nelle discipline in cui le tradizioni hanno sempre avuto effetti positivi in una percentuale di casi molto superiore a quella valutabile negli altri settori.

Un problema: frattura generazionale

Organizzando adeguatamente i collegamenti ipertestuali, i gruppi di lavoro settoriale possono riuscire a fornire indicazioni anche sopra settori limitrofi con i quali si possono avere sinergie utili ma tutt'altro che facili da concretizzare. Anche per questo genere di comunicazioni Internet presenta netti vantaggi rispetto ai canali tradizionali. Si può sperare che attraverso il Web due settori limitrofi stabiliscano utili scambi e mettano in comune esperienze e strumenti utilizzabili con piccole varianti. La comunicazione tramite Internet presenta vantaggi per il supporto di attività interdisciplinari. Due siti concernenti campi di ricerca contigui possono cominciare ad operare in sintonia attraverso la semplice precisazione di rinvii reciproci che sul piano realizzativo si riducono alla sola scrittura di pochi link speculari. Porre in collegamento due settori limitrofi mediante canali tradizionali richiederebbe invece di avviare riviste o di organizzare convegni sui temi di interfaccia. La decisione di abbonarsi ad una nuova rivista non

Altre risorse

viene presa facilmente: la consultazione di alcune pagine suggerite da uno dei siti che più frequentiamo richiede invece semplicemente qualche clic e qualche decina di minuti per lo scorrimento delle pagine segnalate. Con Internet è auspicabile che risultino meno efficaci i molti steccati che separano dannosamente molti settori limitrofi, steccati spesso sorti in occasione di conflitti dovuti a suddivisioni di finanziamenti, rafforzati da questioni di prestigio e mantenuti dal mancato riconoscimento di obiettivi comuni per carenza di comunicazione. Certo non è facile pensare e proporre iniziative di collegamento dei diversi settori: sicuramente in futuro cresceranno le spinte alle cooperazioni derivanti da esigenze applicative, cooperazioni che spesso saranno avviate e perfezionate più agevolmente grazie al Web.

Fin dalla fine del 1995 sono stati poste sul Web applet Java riguardanti entità matematiche e procedimenti di calcolo che consentono di farsi idee concrete di fatti matematici e di fenomeni computazionali.

Negli ultimi anni si sono portate avanti anche alcune iniziative basate su ampie collaborazioni per calcoli distribuiti. Una ha riguardato la caccia sul Web ai numeri di Mersenne. Un'altra la decrittazione di una frase crittografata con utilizzo di chiave pubblica a 56 bit. Entrambe sono state effettuate da alcune centinaia di PC collegati con Internet e servendosi di procedimenti di calcolo innovativi. Inoltre recentemente sta rivelandosi molto efficace una attività di elaborazione di dati astronomici svolta nei tempi morti da varie migliaia di PC in rete di contributori volontari.

Internet viene vantaggiosamente utilizzata per l'organizzazione dei convegni. Solo con Web ed e-mail si riesce a dare tempestiva segnalazione dei programmi dei convegni e delle loro frequenti modifiche. Si può essere più flessibili nel fissare le relative scadenze; si possono porre in un sito del convegno i riassunti delle comunicazioni previste in modo da consentire di decidere in modo più mirato partecipazioni eventualmente parziali. Internet oggi è indispensabile per i convegni di grandi dimensioni ed è conveniente anche per i piccoli incontri. Sul sito di un convegno si possono collocare link ad organizzazioni alberghiere, informazioni topografiche e logistiche, iniziative delle località ospitanti atte a facilitare le operazioni pratiche. Il sito di un convegno può essere un buon posto nel quale trovare o ritrovare informazioni sui cultori di un settore. Sarebbe opportuno che questi siti venissero conservati con una certa cura, sia per mantenere i collegamenti che hanno fatto nascere, sia per la memoria storica.

Un nuovo impulso alle iniziative per la ricerca basate sulla Rete globale verrà dalle esperienze che stanno maturando con Internet 2 (www.internet2.edu); questo progetto, avviato alla fine del 1998, vede impegnati oltre 100 laboratori universitari ed alcune industrie come IBM e Microsoft nella stesura di collegamenti ad alta velocità (alle linee dorsali da 600 Mbps, cominciano ad affiancarsi quelle a 2.400 Mbps e si prospettano i 10.000 Mbps) e nel loro utilizzo per vari tipi di applicazioni avanzate. Internet sta diventando importante per l'insegnamento universitario a distanza. Nell'ambito di Internet2 questo è uno dei grandi filoni, insieme a quello della salute ed al monitoraggio dell'ambiente, per i quali si stanno approntando strumenti, metodi e progetti di ampia portata. Questo settore ha già visto nascere consorzi di importanti università con progetti.

7.2 Opportunità per il mondo dei docenti

7.2.1 Uno strumento per acquisire informazioni

Un docente di matematica innanzi tutto è un docente, e come tale deve essere sempre al corrente delle novità che riguardano il suo àmbito di lavoro. Un uso mirato di Internet gli può dare la possibilità di accedere senza fatica alle ultime disposizioni ministeriali, di essere aggiornato sui bandi di concorsi, di potersi iscrivere senza problemi a determinati convegni, di scaricare dalla Rete tutta la modulistica di cui necessita per partecipare o iscriversi ad iniziative che lo interessano. Grazie alla Rete si può pertanto evitare una serie di disagi burocratici che fino a pochi anni fa rendevano la vita dei docenti particolarmente difficile in determinate circostanze: lunghe file agli sportelli dei Provveditorati e del Ministero, prenotazioni nelle edicole per accappararsi alcuni numeri fondamentali della Gazzetta Ufficiale, attesa negli ingressi di sedi sindacali che, dopo gli organi ufficiali (Ministero e Provveditorati), erano le uniche depositarie di moduli importanti ed indispensabili. Molti di questi problemi sono ora risolti, grazie anche alle impegnative iniziative messe in atto dal Ministero della Pubblico Istruzione, dopo l'emanazione della circolare 282 del 24.04.97. Con tale circolare, avente per oggetto il "Programma di sviluppo delle tecnologie didattiche" il Ministero della Pubblica Istruzione ha avviato un grosso sforzo per dotare tutte le scuole di attrezzature multimediali e parallelamente ha lavorato per rendersi più visibile agli Utenti, mettendo in Rete un'enorme quantità di informazioni.

Informazioni e/o materiali accessibili in Rete

Vantaggi della Rete

7.2.2 Una possibilità in più per l'aggiornamento individuale

Risorse della Rete per l'autoaggiornamento disciplinare

Vantaggi

Internet può aiutare il docente di matematica a costruirsi percorsi di autoaggiornamento disciplinare. L'aggiornamento disciplinare sta infatti diventando, nelle scuole, merce sempre più rara. Per ragioni essenzialmente di tipo organizzativo molti istituti, ormai da anni, scelgono, per il proprio aggiornamento, dei temi cosiddetti trasversali, molto generali (e talvolta generici!), che hanno l'obiettivo di coinvolgere un intero collegio docenti. Non c'è spazio, non c'è tempo o forse non c'è la volontà di affrontare i problemi legati all'insegnamento e all'apprendimento delle singole discipline. Il docente di matematica, così come i colleghi di altre materie, potrà senza dubbio trovare qualcosa di molto interessante in Rete, se saprà indirizzarsi verso i siti giusti. Potrà ad esempio accedere a banche dati molto fornite per avere notizie di carattere storico sulla propria materia; potrà scaricare dalla Rete e visionare con calma versioni dimostrative (in gergo: demo) di software matematici prima di decidere un eventuale acquisto. La Rete gli darà pure l'opportunità di scaricare software completamente gratuiti da studiare, per vedere se sono adatti alle esigenze delle proprie classi. In Rete cominciano anche a trovarsi siti legati alla pubblicazione di periodici matematici; dalla lettura del sommario del singolo numero il docente potrà valutare se un determinato numero di un determinato periodico fa o no al caso suo. Cominciano ad apparire anche periodici consultabili solo in Rete, come ad esempio **Galileo** (http://www.galileo-net.it) curato da Michele Emmer dell'Università "La Sapienza" di Roma, ed altri distribuiti sia su carta che scaricabili dalla Rete stessa, come **CABRIRRSAE** (http://www.arci01.bo.cnr.it/cabri) curato e distribuito dall'IRRSAE dell'Emilia Romagna con l'aiuto di Loescher Editore. Questa quantità di informazioni, acquisite abbastanza comodamente con il computer domestico, già costituiscono una prima forma di aggiornamento professionale: sapere "cosa bolle in pentola" a livello nazionale e non nazionale, essere informati in tempo reale sui software che escono, sui materiali di appoggio che si producono, non è cosa di poco conto.

Esempi di periodici matematici in Rete

Se queste informazioni sono poi collegate dal singolo docente ad una attività di mailing list con colleghi che hanno gli stessi interessi e gli stessi problemi da risolvere, si ottiene una forma di aggiornamento più ampia, che supera lo stadio puramente informativo.

Questo aggiornamento è difficilmente valutabile dagli organi ufficiali, non rientrerà nel fondo incentivante, ma sarà di sicura efficacia per quel che riguarda la ricaduta nella didattica in classe.

7.2.3 Uno strumento per ottenere guadagno formativo

Si sostiene da più parti che i docenti si avvicineranno in maniera significativa alla multimedialità ed alla Rete solo quando avranno chiaro il *guadagno* formativo che potranno ricavare da questi nuovi strumenti. Per guadagno formativo si intende quel "qualcosa in più", quel "plus valoris" che non sarebbe ottenibile con gli strumenti classici della didattica tradizionale. Intendersi su questi temi non sempre è facile; chi vive nelle classi può vedere, dall'uso di Internet e delle nuove tecnologie, guadagni diversi e con un diverso ordine di importanza. Noi vorremmo soffermarci su due aspetti in particolare, che già sono stati validati in alcune situazioni pratiche.

Guadagno formativo ed esempi di attività già sperimentata

Economicità di un algoritmo

Tutti i docenti di matematica sanno che uno degli aspetti più belli e creativi della disciplina è la possibilità di risolvere un problema con più metodi diversi; dall'osservazione dei vari metodi e dei vantaggi e svantaggi che ognuno di essi pone, l'allievo sarà condotto ad acquisire il difficile concetto di "economicità di un algoritmo". Ricordiamo come questa idea di "economicità di un algoritmo" sia fondamentale per un buon programmatore di computer: un determinato programma può essere vincente perché occupa poco spazio di memoria, anche se ha un tempo di esecuzione lungo; una altro programma, in una diversa situazione in cui non vi sono problemi di spazio di memoria, è preferibile perché ha un tempo di esecuzione brevissimo. Questo dovrebbe dunque essere uno degli obiettivi più importanti della matematica, perché solo se l'allievo lo avrà veramente interiorizzato riuscirà, nelle diverse situazioni che gli si porranno davanti, a scegliere l'algoritmo più giusto per una determinata situazione.

Primo esempio: economicità di un algoritmo

Di solito tutti i colleghi di matematica si trovano d'accordo su questo punto, ma la sua trattazione nelle classi non sempre è facile, anche perché i libri di testo non danno alcun aiuto e costruirsi del materiale adatto costa molta fatica e molto tempo. La Rete ci può venire in aiuto: si può mettere in atto un'attività, stile "il problema della settimana" o "il problema del mese", per cui, da un determinato sito (che chiameremo sito di riferimento) viene spedito a tutte le persone interessate un problema da risolvere. Tale problema può essere inviato anche a fasce scolastiche diverse.

Tutte le classi o i singoli ragazzi che vorranno cimentarsi nella soluzione del problema, lo potranno fare ed inviare la soluzione al sito di riferimento. Qui un gruppo anche ristretto di persone esperte, competenti della disciplina, esaminerà tutte le soluzioni e le riordinerà. Se avrà molto tempo a disposizione questo piccolo gruppo potrà anche stabilire delle comunicazioni dirette con i singoli risolutori per richiedere chiarimenti, per consigliare eventuali ampliamenti alla soluzione proposta.

Il grosso vantaggio dell'intera operazione sarà che, al termine di questo lavoro di riordino, il sito di riferimento potrà rispedire a tutti i partecipanti l'elenco completo di tutte le soluzioni corrette che sono state trovate per quel problema. La singola classe o il singolo alunno che ha spedito una certa soluzione x, potrà vedere che esistevano anche delle soluzioni y e z dello stesso problema; i ragazzi della secondaria superiore potranno osservare come il problema è stato risolto (tutto o in parte) dai loro colleghi più giovani di terza media.

Si potrà discutere all'interno della singola classe sulla "bellezza" delle diverse soluzioni: potrà essere messa a confronto una soluzione sintetica con una analitica, una soluzione molto chiara ma pedestre con una soluzione rapida e brillante. Si raggiunge un guadagno formativo difficilmente raggiungibile senza la possibilità che offre la Rete di mettere in comune e rendere visibili in tempi brevi i contributi di molti.

Le due iniziative esistenti in lingua italiana

A quanto ci risulta, al momento attuale, in lingua italiana un'attività di questo genere viene gestita solo dall'IRRSAE dell'Emilia Romagna con le due iniziative denominate:

- **Flatlandia** (http://arci01.bo.cnr.it/cabri/flatlandia) (attività rivolta in modo particolare ai ragazzi di terza media e del biennio delle superiori)
- **Problematematicamente** (http://arci01.bo.cnr.it/cabri/problematicamente) (attività rivolta a ragazzi del triennio delle superiori).

Il sito di riferimento (dell'IRRSAE-ER)

Un sito americano

Consultando le pagine del sito Fardiconto si potrà accedere a numerosi altri siti in lingua inglese che offrono attività similari. Si consiglia in modo particolare di andare a visitare il

Math Forum dello Swarthmore College in Pennsylvania dove le attività di questo genere sono molteplici, indirizzate ai diversi livelli scolastici.

Visualizzazione di concetti

Secondo esempio

Da sempre l'esperienza di insegnamento nelle classi ha dimostrato che alcuni concetti matematici sono particolarmente difficili per i ragazzi perché non riescono assolutamente a "vederli", a farsi un'immagine mentale di come potrebbero essere visualizzati.

La ricerca matematica negli ultimi anni si è ampiamente interessata a questo filone della visualizzazione della disciplina (si pensi ad esempio al bel libro di Roger B. Nelsen: **Proofs without words**, edito dalla Mathematical Association of America nella collana Classroom Resource Materials, ISBN 0-88385-700-6); anche il successo di alcuni pacchetti software come **Cabri-Géomètre**, **Geometer's Sketchpad** e **Cinderella**, stanno a dimostrare come sia gratificante per gli allievi, e quindi anche per gli insegnanti, riuscire a "vedere" un luogo geometrico o il mutare di una funzione al variare di certi parametri.

Software per viasualizzare luoghi geometrici e variazioni di funzioni al variare di parametri

I vari software o i materiali presenti in Rete dovrebbero pertanto concorrere alla costruzione di una sorta di "lavagna intelligente", ampiamente dinamica, da usare durante le ore di lezione.

È pertanto auspicabile che in un prossimo futuro, nei vari ordini di scuola, sia sempre più possibile per i colleghi avvalersi di queste animazioni e visualizzazioni che le moderne tecnologie consentono di fare.

Non sempre però il singolo insegnante è in grado di costruirsi da solo tali materiali didattici o semplicemente non ha il tempo per fare tutto; e sarebbe anche poco economico che molti docenti, in luoghi diversi, si costruissero, singolarmente, le stesse visualizzazioni o animazioni.

Ecco che la Rete ci può nuovamente venire in aiuto consentendoci di collegarci a siti che già offrono un'ampia scelta di questi materiali.

Volendo fare un ulteriore passo avanti, sarebbe auspicabile che piccoli gruppi di docenti in futuro si riunissero per stendere delle specie di visite guidate in Internet su determinati temi. Dopo averle poi provate in classe, le loro tracce potrebbero essere degli ottimi punti di partenza per altri colleghi. Per meglio esemplificare quello che qui si vuole proporre, può essere utile riportare una proposta attuata in classe (marzo '99) dal prof. Luigi Tomasi del Liceo Scientifico "Galilei" di Adria (Rovigo). (Tabb. 1-3).

Possibilità di realizzare visite guidate in Internet per sucessive sperimentazioni

Tabella 1. Un esempio di uso di Internet nell'insegnamento della matematica: Classe: quinta liceo scientifico (PNI)

Un esempio
dettagliato
di attività realizzata

Argomento: Sistemazione assiomatica della geometria euclidea. Le geometrie non euclidee dal punto di vista elementare (argomenti specifici previsti nella classe quinta, indicati così come sono scritti nel programma ministeriale)
Attività in classe con supporti tradizionali: Lezioni frontali con l'uso del libro di testo di geometria; consultazione di libri e articoli da riviste
Attività in laboratorio di informatica: Laboratorio di informatica con l'uso del pacchetto "Cabri-Géomètre" (uso del "menu hyperbolique" di J.M.Laborde che è stato scaricato da Internet, dal sito dell'IMAG [8] di Grenoble) per la presentazione del modello di geometria iperbolica di Poincaré.
Attività usando la Rete: Consultazione di siti di storia della matematica (e in particolare di alcuni siti di geometria); raccolta di materiali dalla Rete sotto forma ipertestuale, raccolta di immagini.

Tabella 2. Elenco dei principali siti visitati

- **MacTutor History of Mathematics Archive**
  (Università di St.Andrews, Scozia)
  http://www-groups.dcs.st-and.ac.uk/
- **The Geometry Center** (University of Minnesota, USA)
  http://www.geom.umn.edu/
- Euclid's Elements di David E. Joyce (Clark University,
  Worcester, MA, USA)
  http://aleph0.clarku.edu/~djoyce/home.HTML
- **NonEuclid di Joel Castellanos** (Rice University, Houston, TX, USA)
  http://math.rice.edu/~joel/NonEuclid
  In questo sito vi è l'illustrazione del modello di Poincaré
  della geometria iperbolica, con possibilità di costruire figure,
  utilizzando il linguaggio Java.
- **Yahoo:Science:Mathematics** (Yahoo è un "motore di ricerca") (☞p. 67)

Tabella 3. Verifiche

Sulle attività svolte, gli allievi debbono preparare una sintesi del lavoro, in forma scritta. Il docente inoltre costruisce una prova strutturata o semistrutturata di verifica (sotto forma di questionario con risposte chiuse o a breve risposta aperta).

Nota: La Rete, se ben usata, può ormai sostituire la consultazione di libri o riviste. L'intervento dell'insegnante risulta comunque fondamentale e decisivo in tutte le fasi del lavoro, nella scelta dei siti e soprattutto per l'analisi e la selezione dei materiali trovati in Rete. Gli allievi hanno bisogno di essere guidati per evitare la dispersione ed il sovraccarico di informazioni (a volte non pertinenti) che si possono trovare in Rete. È quindi importante che il docente (o un gruppo di docenti) abbia controllato la validità scientifica dei siti.

7.2.4 Uno strumento per costruire materiali didattici

Come già è stato detto nelle pagine precedenti, l'uso della Rete può rilanciare una forma di autoaggiornamento fortemente disciplinare.

Sotto quest'ottica, Internet permette a più colleghi di tenersi in collegamento per costruire nuovi materiali didattici e, soprattutto permette di tenersi informati su come questi materiali didattici siano stati accolti dai ragazzi e quale ricaduta abbiano realmente avuto sul loro apprendimento.

Con la Rete è possibile cioè una sorta di lavoro cooperativo per costruire materiali di qualità e per tenerli aggiornati nel tempo.

Per ottenere questo, risulterebbe importante la creazione di "siti di riferimento" in cui un gestore centrale si assume l'onere di tenere i collegamenti con tutti i docenti interessati e garantisce in qualche modo sulla validità scientifica del tutto; sarebbe pertanto auspicabile che questo sito fosse appoggiato o ad un forte dipartimento di Matematica o all'Unione Matematica Italiana (UMI). Quest'ultimo punto è molto importante. Navigando infatti per la Rete, non di rado ci si imbatte in biblioteche anche molto ricche di materiali didattici: spesso le singole scuole nel loro sito amano mettere materiali prodotti sia dai ragazzi che dai docenti. Bisogna essere onesti nell'affermare che non sempre questi materiali sono di qualità: l'entusiamo e l'euforia del "mettere in Rete" fa talvolta dimenticare una seria verifica di ciò che si mette a disposizione di tutti. E d'altra parte vi è anche il grosso rischio, più volte segnalato dal Professor Michele Pellerey dell'Ateneo Salesiano di Roma (Convegno "Il computer sul banco", Bologna 4.12.97) che l'Utente medio di Internet di solito tende a fidarsi di ciò che la Rete gli propone: nel suo inconscio immagina che certi materiali siano buoni per il solo fatto di essere pubblicati su Internet. Un po' alla volta si verrà construendo un atteggiamento più critico, ma per ora esso manca. Non ci risulta che siti contenenti materiali criticamente vagliati ancora esistano in Italia; alcuni materiali, adatti prevalentemente ai docenti della scuola secondaria superiore o a quelli del diploma a distanza sono reperibili agli indirizzi riportati nel percorso guidato proposto (⇨p. 133).

Potenzialità della Rete per un autoaggiornamento disciplinare di tipo pratico

Un problema non risolto: il controllo di qualità

7.2.5 Le liste di discussione

Qui vorremmo sottolineare le grandi potenzialità delle mailing list (⇨p. 45), ma anche la scarsa abitudine culturale che si ha in Italia per il loro uso.

Potenzialità
delle mailing list

Ricordiamo brevemente che le liste di discussione consentono a più persone di scambiarsi informazioni e prelevare materiali, utilizzando esclusivamente un programma di posta elettronica, cioè una modalità tecnica molto facile ed accessibile praticamente a tutti. Esistono anche in Italia alcune mailing list di interesse matematico, ma non hanno vita facile: di solito si animano solo in occasione di avvenimenti importanti come, ad esempio, l'uscita del compito dell'esame di stato o l'uscita del documento della commissione di saggi istituita dal ministro Berlinguer. Negli Stati Uniti ed in altri Paesi, per fare un esempio, la mailing list è invece molto usata fra i docenti per chiedere informazioni, per dare notizia su determinate attività, per portare alla conoscenza di molti i problemi anche di uno solo; in Italia gli iscritti ad una lista di discussione sono solitamente degli ottimi "auditori", quasi mai dei bravi animatori.

Problemi delle
mailing list italiane

Tutti, cioè, ascoltano le notizie che vengono immesse, molto pronti eventualmente ad usarle in proprio, ma quasi mai ci si espone in prima persona per dare risposte o informazioni.

Abbiamo cercato di capire il perché, intervistando alcuni iscritti ad una lista di discussione di matematica. Le risposte principali sono state le seguenti:

- gli iscritti che appartengono al mondo universitario hanno ammesso senza difficoltà che temono di fare qualche errore (lo stile della lista di discussione è sempre molto rapido, poco formale, può anche capitare un banale errore di ortografia o una risposta inesatta perché troppo immediata e non ben ponderata); l'immagine di un buon docente universitario può essere sciupata anche da questi piccoli incidenti;
- altri iscritti, appartenenti al mondo della scuola secondaria hanno invece ammesso di avere ancora alcune difficoltà di ordine tecnico: se debbono mandare un allegato con una figura geometrica, con una formula matematica, hanno seri problemi a concludere l'operazione;
- altri hanno detto molto sinceramente che usano la lista solo se a loro serve: sono quindi pronti a scaricare notizie e materiali, ma non ad inserirli. Questi personaggi ci sono sempre stati e sempre ci saranno; sono quelli che, partecipando a più liste di discussione contemporaneamente e prelevando materiali a destra e a manca, ogni due o tre mesi sono pronti per pubblicare eventualmente un nuovo libro di didattica. Speriamo che un po' alla volta questi problemi vengano superati e, in un'ottica di maggiore cooperazione, le idee ed i materiali possano veramente circolare con più agio, permettendo una crescita culturale di tutti.

Le liste in lingua italiana mirate alla matematica che ci sentiamo di segnalare sono riportate più avanti in 7.4. Come detto in precedenza, esse si animano solo in particolari momenti dell'anno scolastico; auspichiamo che, con l'aumento del numero degli iscritti, possano divenire più vivaci ed interessanti.

7.3 Opportunità per il mondo dei ragazzi

Internet può offrire qualcosa di valido, dal punto di vista matematico, anche al mondo dei ragazzi, ed in particolare ai ragazzi che si muovono da soli, al di fuori dell'ambiente scolastico.

I ragazzi e la matematica: uso intelligente di Internet a casa

Abbiamo fatto alcune ricerche in questo senso, abbiamo interagito con alcune famiglie che usano il computer domestico, e ci pare di poter trarre le seguenti conclusioni:
- i genitori, così come i docenti, debbono cercare di capire in fretta ciò che di buono Internet può dare, e debbono essere attenti a convogliare in giuste direzioni le curiosità e le voglie di scoperta che hanno i ragazzi;
- Internet spesso propone attività simili ai videogiochi, verso cui il mondo degli adulti ha talvolta qualche riserva; invece di condannarli in toto, è necessario cercare di individuare ciò che di positivo questi divertimenti possono offrire;
- il mondo della ricerca dovrebbe uscire dal suo ambiente, spesso paludato, e investire risorse per progettare prodotti culturali adatti al mondo dei ragazzi; ad esempio, sotto l'approccio di un adventure game, si possono veicolare notizie ed apprendimenti importanti dal punto di vista matematico;
- non bisogna infine dimenticare che navigare in Internet porta come immediata conseguenza un minimo uso della lingua inglese, e questo è senza dubbio un altro vantaggio da non sottovalutare per i nostri ragazzi che si affacciano in Europa.

7.3.1 Alcuni esempi in lingua inglese

Sicuri del fatto che in queste pagine verrà dato solo un piccolo assaggio di ciò che la Rete può offrire, ci preme proporre alcuni esempi, sottolineando soprattutto gli aspetti didattici da noi riscontrati. In lingua inglese ragazzo si dice "kid"; ad alcuni dei ragazzi da noi intervistati è capitato di usare kid come parola chiave per fare ricerche in Internet. In brevissimo tempo si giunge al sito http://www.kidsdomain.com. Ci si presentano quattro opzioni, denominate: Kids, Grownup, Reviews, Download. Le prime due individuano differenti fasce di età (potremmo tradurre: bambini, ragazzi), la terza opzione dà accesso ad un elenco di oltre 600 recensioni di giochi ed attività varie di tipo educativo, la quarta offre materiali (prevelentemente ver-

Un sito in lingua inglese

sioni dimostrative) da scaricare. Questa ultima opzione ci offre anche una ricerca tematica: ricercando la voce Maths (abbreviazione di Mathematics), otteniamo una lista di materiali suddivisi per piattaforma, PC oppure Mac.

7.3.1.1 Esempi pratici

Esempio 1

Tangrams (di G. Adams, http://www.win.bright.net/~gadams/tangrams/).

Tangram reale e tangram telematico

Inutile insistere in questa sede sui valori formativi riconosciuti da sempre al Tangram, gioco di origine cinese ben noto ai docenti di matematica (ricordiamo che il gioco consiste nel muovere, ruotare, sistemare sette piastrelle base fino ad ottenere centinaia di forme diverse, proposte dal gioco stesso). In queste pagine è forse più utile soffermarsi sul "plus valoris" che può dare il Tangram su computer rispetto a quello manipolativo, "reale" che si può acquistare in molte cartolibrerie.

Ci pare importante sottolineare che i due giochi vanno usati in parallelo, perché si integrano a vicenda; è anzi molto importante che quello "reale" venga usato e non dimenticato, se non altro per non far perdere del tutto ai nostri ragazzi le abilità di tipo "manipolativo". Bisogna però riconoscere al Tangram telematico alcuni indubbi vantaggi:

- la fine gradualità dei diversi esercizi a disposizione;
- la possibilità di avere immediatamente la soluzione del problema proposto, per controllo, o semplicemente se si abbandona il gioco per eccessiva difficoltà;
- il conteggio automatico effettuato dal computer, del numero di mosse con cui è stato risolto un problema; questa opportunità non è da sottovalutare: ciascun giocatore può infatti ripercorrere la strategia usata nel gioco e cercare di migliorarsi;
- la possibilità di mettere meglio a fuoco alcuni concetti matematici, come "equivalenza" e "trasformazione geometrica".

Tangram è il concetto di equivalenza

Tangram telematico e alcune trasformazioni geometriche

Vogliamo soffermarci per un momento su questo ultimo punto, che ci sembra particolarmente importante. Per quanto riguarda l'acquisizione ed il consolidamento del concetto di equivalenza, l'esperienza ha dimostrato che ambedue i giochi, quello manipolativo e quello al computer, sono utili ed efficaci. Per quanto riguarda invece i concetti relativi ad alcune trasformazioni geometriche, e precisamente rotazione, ribaltamento (simmetria assiale) e traslazione, il gioco su computer ci può dare molto di più rispetto a quello manuale. Noi usiamo le mani ormai meccanicamente, senza stare troppo a pensare

sulle singole azioni che facciamo; il Tangram scaricato dalla rete ci costringe invece a riflettere maggiormente sulle singole
azioni compiute. Infatti il menù disponibile del gioco offre solo quattro "attrezzi" per giocare (al contrario dell'estrema ver-
satilità delle nostre mani); tali attrezzi corrispondono alle seguenti azioni:

- rotazione (in verso orario oppure antiorario) di angoli pari
  ad un quarto di angolo retto;
- ribaltamento;
- traslazione (compresa una traslazione "fine", cioè un pixel
  alla volta, da attivare mediante le frecce direzionali);
- una traslazione di più pezzi alla volta da effettuare mediante un "lazo".

È evidente che l'utente del gioco è costretto a riflettere
maggiormente sulla natura delle singole operazioni e a considerare più alternative con cui ottenere il medesimo risultato finale. Segnaliamo infine un altro indirizzo in cui viene trattato
il gioco del Tangram: `http://www.kidsdomain.com/down/pc/tan-`
`gram.HTML`.

Un altro Tangram telematico

Esempio 2

Giochi interattivi e consolidamento di competenze matematiche.
Molte delle attività di carattere matematico proposte in questi siti, a vari livelli di età, rispondono alla filosofia del videogioco: per
acquisire determinati punteggi l'utente deve svolgere delle operazioni matematiche. Citiamo come unico esempio **Number Facts
Fire Zapper** (`http://www.kidsdomain.com/down/pc/numfirezapper.`
`HTML`) dove, con il pretesto di attivare un pompiere che deve spe-
gnere focolai di incendio presenti in un edificio, il giocatore è
costretto a risolvere velocemente delle addizioni, sottrazioni,
moltiplicazioni e divisioni. Sono attività utili quasi esclusivamente per consolidare abilità apprese in precedenza; non è molto, ma non è neppure cosa di poco conto, visto l'interesse e la
motivazione con cui i ragazzini preadolescenti li affrontano.
Forse più interessanti, dal punto di vista cognitivo, tutti quei giochi in cui è importante trovare una strategia vincente. Prima
cioè di arrivare, ad esempio, a giocare contro il computer a scac-
chi, esistono molte altre attività, che costringono l'utente a ra-
gionare per cercare di prevedere la strategia giusta per vincere
rispetto alla macchina. Anche qui, dal punto di vista motivazio-
nale, il plus valoris che offre la macchina non è poco.

Un videogioco per il consolidamento sulle quattro operazioni

Videogiochi per individuare strategie vincenti

Per rimanere sempre nell'ambito della lingua inglese, vogliamo segnalare che in rete vi sono alcune attività, anche di tipo matematico, legate a trasmissioni televisive attuali negli Stati Uniti. Nel mondo americano si stanno moltiplicando le iniziative che vedono l'uso integrato della TV, di Internet e dei libri. A titolo esemplificativo si può citare il sito: http://www.ctw.org (ctw sta per **Children Television Workshop**). Questo sito promuove alcune attività per bambini in età prescolare, legate alla popolare trasmissione americana Sesame Street. La home page presenta attività che possono essere fatte con il controllo dei genitori, nonché indicazioni su libri per ragazzi, connessi con le attività proposte. Fra le attività a carattere matematico, ricordiamo giochi sul riconoscimento di forme geometriche, sul riconoscimento e la lettura dei numeri, sul riconoscimento di regolarità di sequenze numeriche.

7.3.2 Alcuni esempi in lingua italiana

Sicuramente varie attività in lingua italiana stanno nascendo proprio in questi mesi o queste settimane. Al momento in cui questo libro viene scritto, ci sembrano degni di essere menzionati i seguenti esempi:

- **Vialattea.net**: Spazio di divulgazione scientifica per la scuola italiana (http://www.vialattea.net). In questo sito, dedicato alle discipline scientifiche, con particolare riguardo alla fisica e all'astronomia, vi è anche un puntatore alla matematica.

- **Prendi le stelle nella rete** (http://www.pd.astro.it/ stelle.HTML). Si tratta ancora di un sito dedicato all'astronomia. Spesso è forte nei ragazzi l'esigenza di cercare di capire l'importanza della disciplina "matematica". Sempre più spesso vengono poste domande del tipo: "A cosa serve la matematica, adesso che ci sono i calcolatori?"; "Che cosa fa il matematico di professione?". Negli ultimi anni si stanno moltiplicando gli sforzi dei docenti di questa disciplina per creare collegamenti fra la matematica e le altre discipline che da sempre hanno avuto la necessità di strumenti matematici per poter progredire. Fra queste discipline un posto privilegiato è indubbiamente occupato dall'astronomia: è per questo motivo che invitiamo il lettore a prendere visione del sito in oggetto. La home page contiene le icone relative alle quattro iniziative attualmente promosse: "Viaggio nel cosmo", "Astronomia per tutti", "Planetario virtuale", "L'Astronomo risponde". Specialmente nella terza sezione, particolarmente curata anche dal punto di vista didattico, i nostri ragazzi scopriranno quanta matematica è presente nello studio delle stelle!

7.4 Percorso guidato nel mondo della matematica

Ministero Pubblica Istruzione - http://www.istruzione.it/
Il sito fornisce informazioni su tutte le attività del Ministero. In particolare, esso contiene rubriche dedicate all'autonomia, alla formazione dei capi d'istituto e dei docenti, alla multimedialità, alle sperimentazioni in atto, ai concorsi, ecc. Per i docenti di matematica possono avere particolare interesse gli archivi con le prove di maturità (comprese le prove suppletive, spesso introvabili, all'indirizzo http://www.ministero.it/brochure.htm) e gli esempi proposti dall'UMI per le terze prove scritte del nuovo esame di Stato.

B.D.P. (Biblioteca di Documentazione Pedagogica di Firenze) - http://www.bdp.it
Si può trovare materiale documentario sui vari progetti promossi dal M.P.I.

CEDE (Centro Europeo dell'Educazione) - http://www.cede.it

Tracciati (rivista elettronica dedicata ai problemi della scuola) - http://www.tracciati.net

Scuolaitalia (network aperto per la scuola) - http://scuolaitalia.com

Educazione & Scuola (quotidiano elettronico a cura di Dario Cillo) - http://www.edscuola.com
Si tratta di un vero e proprio quotidiano dedicato ai problemi della scuola, con informazioni provenienti dal Ministero, dai Sindacati, dagli IRRSAE, ecc.

Centro di Ricerca Didattica "U. Morin" (Paderno del Grappa) - http://www.filippin.it
Si tratta del Centro che pubblica la rivista "L'insegnamento della matematica e delle scienze integrate"; si possono inoltre reperire informazioni sulla ricca biblioteca del Centro stesso, dedicata prevalentemente a problemi didattici.

IMAG (Institut d'Informatique et de Mathématique Appliquées di Grenoble) - http://www-cabri.imag.fr

Si tratta del Centro del C.N.R.S. francese che ha prodotto il software Cabri-Géomètre; è reperibile una demo di CABRI e informazioni su tutte le novità relative (ad esempio l'utilizzo di CABRI con Java, ecc).

Fardiconto (Servizi in rete per l'area matematica dell'IRRSAE Emilia Romagna) - `http://arci01.bo.cnr.it/fardiconto/`
Il sito, gestito dall'IRRSAE Emilia-Romagna, si articola in varie rubriche fisse, relative ad alcune attività promosse dall'Istituto. Citiamo Cabri-Géomètre, rubrica dedicata agli utilizzatori del pacchetto omonimo, FLATlandia, un'attività rivolta ai ragazzi delle scuole medie e del biennio delle superiori, recensioni di software matematico, tanto commerciale quanto non commerciale, indicazioni di liste di discussione, ecc.
In questo sito si possono trovare in forma elettronica i bollettini CABRIRRSAE e la collana I quaderni di CABRIRRSAE.
a) `http://arci01.bo.cnr.it/cabri/rivista.HTML`
Si trovano anche gli archivi delle attività Flatlandia e Problematematicamente.
b) `http://arci01.bo.cnr.it/cabri/flatlandia/`
c) `http://arci01.bo.cnr.it/cabri/problematematicamente/`

Un mirror del sito precedente (più facilmente accessibile) è reperibile all'indirizzo: `http://eulero.ing.unibo.it/~irrsae/`

Galileo (Giornale di scienza e problemi globali; ampio spazio dedicato alla matematica) - `http://www.galileonet.it`

Unione Matematica Italiana - `http://www.dm.unibo.it/~umi/`
In questo sito si possono reperire informazioni sull'attività dell'Unione, indirizzi e numeri telefonici di tutti i Dipartimenti di Matematica delle Università italiane, informazioni su convegni e congressi ecc.

Soft Warehouse (Honolulu, Hawaii) `http://www.derive.com/`
Sito gestito dal produttore di Derive.
`www.campustore.it/derive`
Sito italiano ufficiale di Derive.

The MathWorks Inc. - `http://www.mathworks.com/`
Sito gestito dal produttore di Matlab.

MathSoft Inc. - `http://www.mathsoft.com/`
Sito gestito dal produttore di Mathcad. In questo sito, oltre a presentare informazioni sul software distribuito dalla MathSoft, ci sono materiali ed indirizzi interessanti, attivando il pulsante Math in Action, all'indirizzo: `http://www.mathsoft.com/free.HTML`

G.lab (informazioni nel software) -
`http://www.loescher.it/software/download/glab/index.htm`

Ari-Lab - http:// www.didael.it/shop/schede/Ari-Lab/index.htm
Si tratta di un pacchetto per l'insegnamento dell'aritmetica a livello elementare messo a punto dall'Istituto di Matematica Applicata del C.N.R. di Genova. Informazioni all'indirizzo:

SciFace Software - http://www.SciFace.com/
Sito gestito dal distributore del software di Computer Algebra MuPAD (sviluppato presso l'Università di Paderborn).

Wolfram Resarch Inc - http://www.wri.com/
Sito gestito dal produttore del software di Computer Algebra Mathematica.

Key Curriculum Press - http://www.keypress.com/
Sito gestito dal produttore del software Geometer's Sketchpad.

Cinderella - http://www.cinderella.de
I creatori del sofware di geometria interattivo (basato su Java) Cinderella gestiscono il sito. È ora disponibile anche la versione italiana del software ed è attivata anche una lista di discussione:
cinderella@camputerstore.it

Waterloo Maple - http://www.maplesoft.com/
Sito gestito dal produttore del software Maple.

Texas Instruments -
Gestisce il sito:
http://www.ti.com
In particolare per le calcolatrici scientifiche si veda l'archivio:
http://www.ti.com/calc/docs/calchome.htm
All'indirizzo:
http://www.ti.com/calc/docs/t3.htm
si possono reperire informazioni sul gruppo di docenti che opera nell'ambito del programma Teachers Teaching with Technology, presente anche in Italia mediante l'associazione ADT (Associazione per la Didattica con le Tecnologie). Si veda l'indirizzo: http://www.ti.com/calc/italia/

Casio - http://www.casio.com
Da questo sito si possono raggiungere le pagine relative ai vari prodotti Casio, fra cui le calcolatrici scientifiche, il cui utilizzo sta prendendo piede anche a livello di scuola secondaria di 2° grado.

Hewlett Packard - http://www.italy.hp.com/
Da questo sito si possono raggiungere le pagine relative ai vari prodotti Hewlett-Packard, fra cui le calcolatrici scientifiche.

Sharp - `http://www.sharp.it`
Da questo sito si possono raggiungere le pagine relative ai vari prodotti Sharp, fra cui le calcolatrici scientifiche.

Math Forum dello Swarthmore College - `http://forum.swarthmore.edu`
Il Forum di matematica gestito dallo Swarthmore College (Swarthmore è una cittadina della Pennsylvania, prossima a Philadelphia) è supportato in parte dalla National Science Foundation. Il suo simbolo reca il motto di J. Kepler "Dove c'è materia, ivi c'è geometria".
Esso fornisce una varietà di servizi, tanto ai docenti quanto agli allievi. Citiamo la rubrica "Ask Dr. Math", a cui ci si può rivolgere per chiarimenti su terminologia, teoremi, etc.; `Math Resources by Subject`: la possibiltà di una ricerca per argomenti. Il Forum ospita gruppi di discussione, elenchi di siti di interesse matematico, indicazioni librarie e la rubrica `Problems of the Week` (il problema della settimana).

Geometry Center (University of Minnesota) - `http://www.geom.umn.edu`
Il Centro si occupa di visualizzazione matematica, di sviluppo di software con particolare interesse per la matematica dalle elementari alle scuole superiori.

CIRAM (Centro Interdipartimentale di Ricerca per le Applicazioni della Matematica - Università di Bologna) -
Un interessante sito sui frattali è reperibile all'indirizzo `http://eulero.ing.unibo.it/~strumia/Menu.HTML`
Alcune animazioni fatte col software Mathematica, relative ad un primo corso di Analisi, sono reperibili all'indirizzo:
`http://eulero.ing.unibo.it/~barozzi/PCAM_Elenco_compl.HTML`

Oltre il Compasso -
`http://www.sns.it/HTML/OltreIlCompasso/Mostra-matematica/home.HTML`
La mostra "Oltre il compasso", un progetto della Scuola Normale Superiore di Pisa a cura di F. Conti ed E. Giusti, si propone di "studiare, tracciare, classificare, misurare linee curve... ". "Oggetti geometrici per eccellenza, le curve giocano nell'immaginario matematico il ruolo delicato di una zona di confine dove confluiscono attività diverse e talora contrapposte. ... La mostra intende condurre il visitatore in questo giardino di forme concrete, lungo un percorso che coniuga la corporeità degli oggetti e dei meccanismi con l'astrattezza del pensiero matematico; un cammino al termine del quale si possa delineare una trama di corrispondenze tra i concetti della geometria, i meccanismi della tecnica, le costruzioni della scienza."

Euclid's Elements di David E. Joyce (Clark University,
Worcester, MA, USA) - http://aleph0.clarku.edu/~djoyce/home.HTML
Gli Elementi di Euclide, nella classica traduzione inglese di
T. Heath (tuttora reperibile nelle edizioni Dover) in forma di
ipertesto. Le figure sono costruite in Java e possono essere "ani-
mate" da parte dell'utente. Il testo è commentato dal curatore; la
struttura in forma di ipertesto consente facilmente di eviden-
ziare le dipendenze logiche tra le varie parti.

NonEuclid di Joel Castellanos (Rice University, Houston, TX,
USA) - http://math.rice.edu/~joel/NonEuclid
In questo sito vi è l'illustrazione del modello di Poincaré della
geometria iperbolica, con possibilità di costruire figure, utilizzando il linguaggio Java.

Laboratorio di Matematica di Modena -
http://www.museo.unimo.it/labmat/
Nel Laboratorio di Matematica del Museo di Storia Naturale e
della Strumentazione Scientifica sono presenti circa 200 macchine matematiche costruite da insegnanti del Liceo Scientifico
A. Tassoni.

IMSS - (Istituto e Museo di Storia della Scienza, Firenze)
http://galileo.imss.firenze.it/
L'Istituto e Museo di Storia della Scienza è stato fondato nel
1927 per iniziativa dell'Università di Firenze. Esso svolge un'importante attività di ricerca e possiede una ricca biblioteca.

7.4.1 Liste di discussione

Liste di discussione in italiano

Cabrinews. Per sottoscriverla inviare un messaggio a: list-
serv@arci01.bo.cnr.it.
Nella prima riga del messaggio inserire il comando: subscribe
cabrinews.
I messaggi alla lista vanno indirizzati a: cabrinews@arci01.bo.cnr.it.
Per informazioni contattare: Valerio Mezzogori (valerio@ar-
ci01.bo.cnr.it).

Lettera Matematica Pristem
Lista riservata agli abbonati della rivista "Lettera Matematica
Pristem". Per sottoscriverla inviare un messaggio a: Fabrizio Iozzi
(fabrizio.iozzi@uni-bocconi.it) indicando nome e cognome.

Liste di discussione in inglese

Liste presso il **Forum della Matematica** di Swarthmore.
Inviare un messaggio a: majordomo@forum.swarthmore.edu.
Nella prima riga del testo inserire uno dei seguenti comandi:

```
subscribe geometry-software-dynamic,
subscribe geometry-pre-college,
subscribe geometry-college,
subscribe geometry-puzzles,
subscribe geometry-forum,
subscribe geometry-research,
subscribe geometry-institutes,
subscribe geometry-announcements.
```

Liste di discussione in francese

Lista presso l'IMAG sul software **Cabri-géomètre**.
Inviare un messaggio a: majordomo@imag.fr.
Nella prima riga del testo inserire il comando: subscribe cabri-forum

Liste pubblicate anche sul WEB

Geometry-pre-college:
```
http://forum.swarthmore.edu/epigone/geometry-pre-college/
cabri-forum:
```
```
http://www.cru.fr/Listes/cabri-forum@imag.fr/
```

CAPITOLO

8

Help in Rete
per la matematica

F. IOZZI

Per evitare il riferimento a pubblicazioni cartacee magari datate, abbiamo preferito rimandare il lettore a qualche sito Internet che, per la particolare natura, offre la possibilità di essere sempre più aggiornato di un manuale cartaceo. Dove è stato possibile, abbiamo preferito segnalare i link a pagine in lingua italiana, convinti che chi conosce l'inglese non abbia particolari problemi a trovare ciò che cerca in un panorama sicuramente più ampio.

Ecco, divisi per capitolo, qualche suggerimento per la navigazione.

8.1 Il computer, la linea telefonica ed il modem e i servizi non Internet

Sul funzionamento dei computer si può consultare http://www.evo.it/staff/ftonini/hwp/. Per quanto riguarda i sistemi operativi, si rimanda al sito di **Microsoft** http://www.microsoft.com/, a quello del concorrente OpenSource, **Linux**, http://www.linux.org/ e all'ultimo nato dei sistemi operativi, Be http://www.be.com/.

Una bibliografia cartacea commentata di informatica è reperibile all'indirizzo: `http://www.aleph.it/commercial/libreria/scientifica/libri.HTML`. In merito ai modem e alle BBS più che a documentazione tecnica, di scarso interesse per l'utilizzatore, invitiamo a provare direttamente alcune BBS che hanno accesso anche tramite Internet, per esempio `http://www.quasarbbs.com/` o `http://www.netclub.it/bananas/`. Infine, alcune reti civiche hanno scelto di utilizzare software di BBS. Chi, ad esempio, si volesse collegare alla rete civica di Milano, deve procurarsi il software FirstClass.

8.2 La Rete telematica mondiale, come collegarsi ad Internet e le risorse di Rete

La bibliografia elettronica sulla rete Internet è immensa e, ovviamente, completissima. Citiamo solo un ottimo punto di partenza, il sito dell'**IETF**, l'organo tecnico che amministra la Rete `http://www.ietf.org/`. In particolare, ci interessa segnalare la RFC (request for comment) numero 2026 `http://www.ietf.org/rfc/rfc2026.txt`, il documento che, in un certo senso, definisce le linee di sviluppo della rete Internet stessa, la madre di tutte le RFC! Infine, segnaliamo l'**ISC** `http://www.isc.org/`, il consorzio che segue lo sviluppo del software **OpenSource per la Rete** e che ne promuove lo sviluppo.

Una semplice introduzione ai protocolli della rete Internet si trova all'indirizzo: `http://www.halcyon.com/cliffg/uwteach/shared_info/internet_protocols.HTML`.

Per i problemi di sicurezza, si può consultare il sito `http://members.it.tripod.de/alexfebbo/security.HTML` o, per questioni legate alla posta elettronica `http://collinelli.virtuale-ve.net/antispam/`.

8.3 Browser e produzione di materiale matematico

Tra le numerosissime pagine dedicate all'HTML vi segnaliamo: `http://space.tin.it/io/szabucc/abc.htm`, `http://space.tin.it/internet/dvianell/` e `http://www.werbach.com/barebones/it_barebone.HTML`.

Una pagina del consorzio WWW spiega dettagliatamente i rapporti di HTML con il suo predecessore, l'**SGML**: `http://www.w3.org/TR/HTML401/intro/sgmltut.HTML`; consigliamo la lettura a chi voglia approfondire la conoscenza e la filosofia dei linguaggi a marcatori. Interessanti riflessioni sul futuro della multimedialità e sulle differenze tra quanto promesso e quanto effettivamente realizzato si possono trovare in alcuni articoli di Fabio Vitali dell'Università di Bologna: http://www.cs.unibo.it/~fabio/.

La homepage del linguaggio Java è all'indirizzo: http://java.sun.com/ mentre un ampio ventaglio di esempi ed applicazioni si può trovare a http://gamelan.earthweb.com/

Per quanto riguarda la produzione di materiale matematico un buon punto di partenza è il sito del Tex User Group, http://www.tug.org/.

Per avere qualche informazione sul nuovo linguaggio del web, si può consultare il sito italiano dell'XML, http://www.xml.it/ o uno dei siti americani più importanti: http://www.xmlinfo.com/.

Uno degli sviluppi più interessanti dell'XML è legato alla pubblicazione elettronica dei documenti. Per questo scopo esistono, al momento in cui scriviamo, tre proposte interessanti, che segnaliamo: http://www.nwalsh.com/, http://www.hcu.ox.ac.uk/TEI/newpizza.HTML, http://www.openebook.org/default.htm.

8.4 Opportunità di Internet per la comunità matematica

Oltre alle segnalazioni contenute nel capitolo, vogliamo aggiungere la rivista **Tecnologie Didattiche** del CNR di  Genova, http://www.itd.ge.cnr.it/td/ e, per quanto riguarda la matematica, due siti: uno italiano, http://matematica.uni-bocconi.it/ e l'altro in inglese, tutto dedicato alla crittografia e alla sua applicazione nella decifrazione dei messaggi durante la seconda guerra mondiale: http://www.pbs.org/wgbh/nova/decoding/.

8.5 Selezione di indirizzi Web

Per approfondire l'argomento **motori di ricerca**, si possono consultare i siti: http://www.aleamanagement.com/@motori/ e http://www.molisearch.com/canali/search/.

Indice di n@vigazione

Presentiamo qui una guida rapida di indirizzi Web di interesse per i cultori della matematica accompagnati da qualche commento. Questo elenco non ha, però, la pretesa di essere completo ed è possibile che una parte di esso corra il rischio di invecchiare rapidamente. Peraltro, i siti degli organismi più solidi danno buone garanzie di stabilità e di aggiornamento continuo: se l'indirizzo di qualche iniziativa non sarà più utilizzabile, conviene ricercare l'iniziativa stessa nelle pagine di link dei siti delle organizzazioni più importanti del settore. Per un elenco più ampio ed accurato, rimandiamo alla pagina personale di uno degli Autori che contiene una ampia raccolta di indirizzi Web riguardanti la matematica e l'Information Technology che può avere influenza sul mondo matematico (http://www.iami.mi.cnr.it/~alberto).

Open Directory Project di Mozilla
Iniziativa di primario interesse: Open Directory Project di Mozilla; questo progetto sostiene la costruzione ed il mantenimento di direttori di indirizzi Internet dotati di commenti scritti da esperti volontari. Ve n'è uno anche per la matematica http://dmoz.org/Science/Math/. Gli Open Directories sono utilizzati anche dai motori Yahoo, che per primo ha avviato questa attività, **Lycos** ed **HotBot**.

http://dmoz.org/

Sistema Informativo Nazionale per la Matematica
Molti indirizzi utili si trovano nelle pagine del Sistema Informativo Nazionale per la Matematica (SINM), ospitato dai Servizi Informatici Bibliotecari di Ateneo di Lecce. Il SINM si propone la circolazione delle informazioni e dei documenti di qualunque tipo tra gli Utenti e gli operatori delle biblioteche matematiche italiane; sulla homepage, inoltre, si trovano interessanti link alle risorse matematiche italiane e straniere.

http://siba2.unile.it/sinm/

The European Mathematical Information Service (EMIS)

Importanti azioni a sostegno della matematica vengono svolte dalla European Mathematical Society (EMS). Questa associazione, fondata nel 1990, raccoglie tutte le società matematiche europee nazionali o regionali e conta circa 2000 soci individuali. In particolare, essa organizza congressi biennali, convegni scuole e gestisce borse di studio. Essa esplica inoltre attività di documentazione e di coordinamento attraverso lo European Mathematical Information Service (EMIS) di Berlino, il cui sito è uno dei più importanti punti di partenza per la individuazione di informazioni sulla matematica odierna.

http://www.emis.de/

American Mathematical Society (AMS)

Di grande importanza sono le pagine del sito e-math della American Mathematical Society, AMS, l'autorevole associazione che raccoglie varie decine di migliaia di matematici, non solo in USA, ma in ogni parte del mondo. La AMS, che da tempo promuove importanti iniziative editoriali, sta sviluppando con decisione iniziative di documetazione tramite Web. Alla AMS afferisce la Mathematical Reviews, autorevole rivista di abstract, che ora è fruibile in linea.

http://www.ams.org/

Mathematics WWW Virtual Library

Ricche e curate raccolte di indirizzi per le risorse matematiche da parte di alcuni dipartimenti universitari come, ad esempio, il Dipartimento di Matematica della Florida State University. Questa raccolta è costituita da elenchi dedicati a siti di interesse generale, bibliografie, dipartimenti universitari, siti di interesse didattico, riviste elettroniche, siti di colleges, gophers, preprints, newsgroups, software matematico, campi specialistici, archivi TeX, collegamenti con le altre scienze e risorse generali.

http://www.math.fsu.edu/Science/

Math Archives

Math Archives curati dal Dipartimento di Matematica della University of Tennessee, Knoxville, presenta in modo subito chiaro numerosi link, molti dei quali dedicati a materiali e ad atti di convegni per l'insegnamento della matematica. In particolare, vengono curati indirizzi riguardanti newsgroup e liste di discussione ed un elenco ragionato di società matematiche.

http://archives.math.utk.edu/

Sloane's On-Line Encyclopedia of Integer Sequences

Questo sito, avviato da Sloane, un ricercatore dell'AT&T, si propone di catalogare tutte le sequenze di interi. Apre interessanti orizzonti su alcuni aspetti meno conosciuti della Teoria dei Numeri, il campo forse più affascinante della matematica.

http://www.research.att.com/~njas/sequences/eisonline.html

Eric Weisstein's World of Mathematics

L'Enciclopedia della Matematica di Eric Weissstein e sponsorizzata da Wolfram Research (la casa produttrice del software Mathematica) è un punto di partenza obbligato per chi vuole sapere qualcosa su un argomento di matematica.

http://mathworld.wolfram.com/

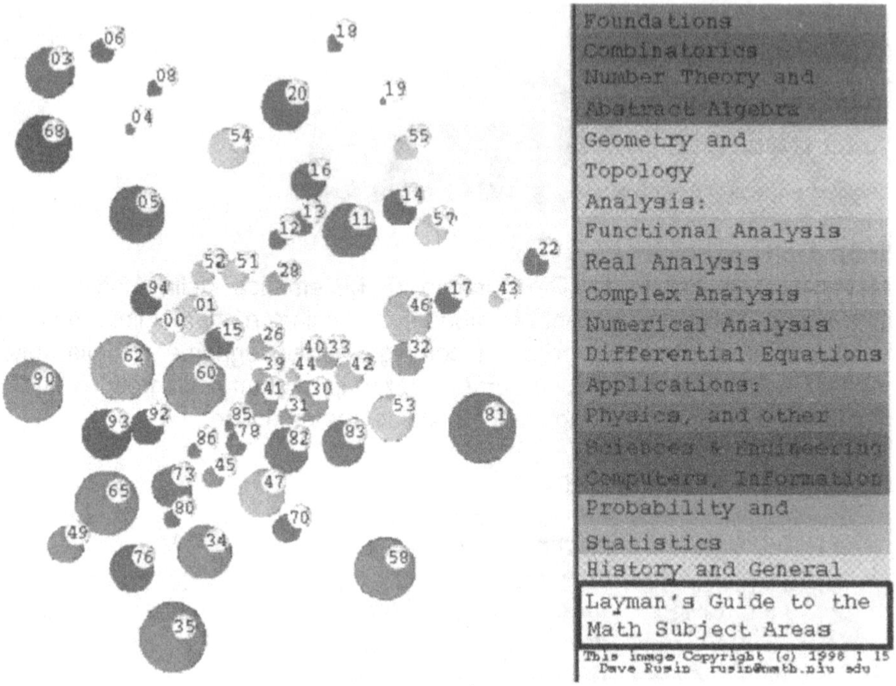
Foundations
Combinatorics
Number Theory and
Abstract Algebra
Geometry and
Topology
Analysis:
Functional Analysis
Real Analysis
Complex Analysis
Numerical Analysis
Differential Equations
Applications:
Physics, and other
Probability and
Statistics
History and General
Layman's Guide to the
Math Subject Areas
This image Copyright (c) 1998 1 15
Dave Rusin rusin@math.niu.edu

The Mathematical Atlas

Il Mathematrical Atlas è un'altra risorsa molto completa ed aggiornata di link matematici. Presenta la particolarità di essere organizzata secondo lo schema di classificazione dell'AMS, riconosciuto a livello mondiale.

http://www.math.niu.edu/~rusin/papers/known-math/index/mathmap.html

The Geometry Center

Center for the Computation and Visualization of Geometric Structures

The Geometry Center
Il sito del Geometry Center della University of Minnesota documenta le molte attività del centro e mette a disposizione i documenti multimediali, le applets Java, il software e i video prodotti nell'ambito dei suoi progetti.

http://www.geom.umn.edu/

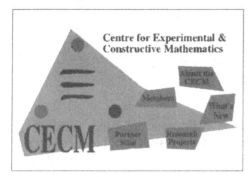

Centre for Experimental and Constructive Mathematics (CECM)
Il CECM ha il compito di esplorare le relazioni fra matematica tradizionale e calcolo moderno e la comunicazione nelle scienze matematiche; il suo sito mette a disposizione un ricco materiale sul tema.

http://www.cecm.sfu.ca/

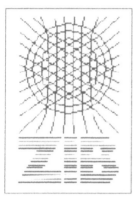

Konrad-Zuse-Zentrum für Informationstechnik, Berlin
Una importante libreria digitale è la Electronic Library for Mathematical Software, eLib; il suo sito è ospitato dal Konrad-Zuse-Zentrum für Informationstechnik Berlin (ZIB), centro che ospita utili iniziative di documentazione elettronica. Tra queste, ricordiamo Math-Net, Information Systems for Mathematicians.

http://www.zib.de/

TeX Users Group Home Page
La rete Comprehensive TeX Archive Network, CTAN comprende siti per la distribuzione di file per il sistema TeX che consente la tipografia matematica; la distribuzione si effettua con il semplice protocollo ftp. Per sapere tutto su TeX, può essere utile consultare questo sito.

http://www.tug.org/

Matematica Boocconi

Il sito dedicato alla matematica dell'Università Bocconi di Milano. Raccoglie informazioni aggiornate su quanto avviene in Italia e all'estero, propone regolarmente sempre nuovi contributi in forma di articoli, materiale didattico, link ad altre risorse in Rete. La redazione è costituita da docenti universitari e di scuola media superiore.

http://matematica.uni-bocconi.it/

Mathesis

La Mathesis, associazione con una lunghissima tradizione sulla didattica della matematica in Italia. Fondata nel 1895, attualmente ha oltre 3000 iscritti e si articola in 64 sezioni.

http://www.eurolink.it/mathesis/

Istituto per le Tecnologie Didattiche

L'Istituto per le Tecnologie Didattiche di Genova del CNR, organizza la Biblioteca del Software Didattico (BSD) centro di documentazione sul software didattico volto a promuovere una scelta consapevole dei prodotti da parte dei docenti. Questo Istituto inoltre cura la produzione di un Annuario sul software Didattico (ASD), una versione su CD-ROM della BSD ancora sperimentale.

http://www.itd.ge.cnr.it/

Mathematical Association of America

La Mathematical Association of America (MAA), è la più grande associazione interessata alla didattica della matematica. Pubblica numerosi periodici di matematica. Il sito ospita, tra gli altri, gli originali contributi di Ivar Peterson, Keith Devlin e Alex Bogomolny.

http://www.maa.org/

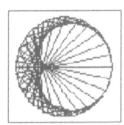

Italian Mathematical Olympiads (IMO)

La International Mathematical Olympiad (IMO), cura dal 1959 l'organizzazione annuale di quello che chiama "campionato mondiale di matematica" aperto agli studenti delle scuole superiori. Ad esso partecipano 80 Paesi; il sito italiano è ricco di informazioni e contiene anche i testi delle ultime competizioni.

http://olimpiadi.ing.unipi.it/

La scuola in Rete a Bologna

Il sito ospita tutti i contributi e le esperienze, spesso innovative, condotte negli anni da un eclettico gruppo di lavoro formatosi a Bologna nel 1992. Tra le numerose iniziative, si segnalano, in campo strettamente matematico, un sito dedicato al software Cabrì e Flatlandia, gioco di geometria on line.

http://arci01.bo.cnr.it/